数控车工入门与提高

SHUKONG CHEGONG RUMEN YU TIGAO

李兴贵　编著

化学工业出版社
·北京·

本书分为入门篇和提高篇两部分。入门篇从最简单的零件台阶圆、锥圆、圆弧、螺纹、切断等加工编程开始，由浅入深，把掌握数控车工技术的难点即加工零件的编程不但在书的开头就介入，而且根据初学者的接受能力，把复杂的问题简单化，把技术难点容易化，方便初学者掌握技术难点。在编程方面介绍了国产广数 GSK980TD、GSK928TC，武汉华中 HNC-21T 及日本 FANUC 0i 系统常见零件的编程指令；把 A 类宏指令作了详细介绍，通过加工椭圆实例，使学生可掌握变量编程。在操作方面简单介绍了 GSK980TD、GSK928TC、HNC-21T 的常用操作方法，在工艺方面，简单介绍了零件加工工艺规程的制订、工件的定位和夹紧、工艺尺寸链的计算和刀具的选用等。提高篇以典型零件的加工为例，综合入门篇所学知识，对零件进行分析、计算和制订工艺，力求经过典型零件的加工，使阅读本书的数控车工，达到中级至高级的操作和编程水平。

学习本书的文化基础是初中水平。本书可作为数控车工，普通车工转为数控车工的自学用书及短训班教材，也可作为普通中专、职业中专和大专数控技术应用专业的教材。

图书在版编目（CIP）数据

数控车工入门与提高/李兴贵编著．—北京：化学工业出版社，2011.12（2025.6 重印）

ISBN 978-7-122-12176-9

Ⅰ．数…　Ⅱ．李…　Ⅲ．数控机床：车床-车削　Ⅳ．TG519.1

中国版本图书馆 CIP 数据核字（2011）第 174785 号

责任编辑：张兴辉　　文字编辑：张绪瑞

责任校对：宋　夏　　装帧设计：王晓宇

出版发行：化学工业出版社（北京市东城区青年湖南街 13 号　邮政编码 100011）

印　　装：北京印刷集团有限责任公司

850mm×1168mm　1/32　印张 8½　字数 226 千字

2025 年 6 月北京第 1 版第 18 次印刷

购书咨询：010-64518888　　售后服务：010-64518899

网　　址：http：//www.cip.com.cn

凡购买本书，如有缺损质量问题，本社销售中心负责调换。

定　　价：29.00 元

前　言

掌握数控技术，难点在编程，重点在工艺。本书力求在帮助读者尽快入门、掌握难点方面有所突破，也力求在学生掌握重点即工艺方面有所创新。编者在机械制造厂任总工程师工作到退休，几十年的主要工作就是在制订工艺，制造的零件千差万别，制造零件的条件变化多端，如何能以较高的效率、较低的成本生产出合格零件，合理的工艺是基础。后来编者又转到职业院校任教，对数控加工的教学特点有非常深刻的体会和独到的见解。本书在叙述数控车工工艺基本理论的基础上，采取列表的形式和详细介绍典型零件的工艺路线、工序内容、加工程序的方式，引领读者举一反三，循序渐进，逐步掌握制订零件加工工艺及正确使用编程指令的要领，使读者在较短的时间内，达到中级数控车工的水平。

本书根据数控车工国家职业标准（中级工至高级工）要求中的理论与操作技能和生产实际需要而编写。书中有关基本编程的论述、典型零件的编程与加工、特别是蜗杆的编程与加工都体现了编者的创新之处，有关加工工艺方面的理论和应用举例，更是编者的独到见解。书中使用了大量的表格进行说明和对比分析，方便读者掌握和运用，这也是本书的特色。为了方便读者对编程指令的学习和掌握，在书中介绍时进行了简化，并未按机床生产厂家的使用说明书面面俱到，而是根据使用方便、记忆方便、易于掌握的原则，达到高效、够用即可。

在本书编写的过程中，得到了安徽省亳州中药科技学校领导的全力支持，得到了学校各级领导和教师同行大力支持，也得到了编者的学生大力支持，在本书出版之际，向他们表示衷心的感谢！

由于编者的水平和经验所限，书中难免有欠妥之处，恳请读者批评指正。

编者

目　录

入门篇

提高篇

入门篇

第1章

数控车床基本结构和加工过程

本章提要

讲述数控车床的结构、工作原理、功能、特点和数控车床加工过程等。要求有初步了解。

1.1 数控车床的基本结构

在机械制造行业中，车床是一种主要的生产设备，就全行业而言，车床占有70%以上的比例。机械产品其结构日趋复杂，精度和性能要求日益提高，因此对生产设备——车床也相应地提出了高效率、高精度和高自动化的要求。

大批量生产的产品，为了提高产量和质量，广泛采用组合机床及专用机床组成自动化生产线进行生产。但是，这类设备生产准备周期长，费用高，制约了产品的更新。在制造行业中，单件与小批量产品占70%～80%，这类产品的生产，一般都采用通用机床加工，而通用机床的自动化程度不高，基本上是人工操作，难于提高生产效率和保证产品质量。特别是一些由曲线、曲面组成的复杂零件，用通用机床加工，其加工精度和生产效率受到了很大的限制。

数控车床就可以解决单件、小批量、多品种，特别是复杂型面零件加工的自动化，并且既能保证质量又能实现高效率。正是由于这些优势，使数控车床的发展非常迅速。另外数控车床的性能价格比远远高于普通车床，所以，在工业发达国家和地区，数控车床的总量已大于普通车床。

1.1.1　数控车床的结构

数控车床是机电一体化设备，主要由输入输出装置、数控装置、伺服系统、位置检测反馈装置、车床本体和辅助控制系统组成。

(1) 输入输出装置

输入装置的作用是将程序传送给并存入数控装置。常用的输入装置是键盘和计算机通信接口。一般比较小的程序用手动通过数控机床上的键盘输入，比较大的程序则通过机床与计算机通信方式输入到数控装置，特别用计算机软件产生的程序一般都比较大，有的只能通过机床与计算机通信方式输入到数控装置。

常用的输出装置是机床的显示器，数控装置通过显示器为操作员提供必要的信息，如程序信息、位置坐标值、报警信息等。

(2) 数控装置

数控装置是数控机床的核心，数控机床的所有控制功能都由它来控制完成。数控装置的作用是接收由加工程序、控制面板、反馈系统等送来的各种信息，经过处理和分配后，向各驱动机构（伺服系统）发出位置、速度等指令，驱动相应对象执行规定命令。在执行过程中，驱动、检测等机构的有关信息反馈给数控装置，经过处理后发出新的执行命令。

(3) 伺服系统

伺服系统是执行数控装置所发指令的驱动机构，是数控装置与机床主体的联系纽带，其作用是将数控装置所发出的微弱电信号，经过功率放大器等电子器件，放大为较强的电信号，然后将以上数字信息转换为模拟量（执行电动机轴的角位移和角速度）信息，从而驱动执行电动机带动机床运动部件按给定的速度和位置进行运动，完成零件的切削加工。

(4) 位置检测反馈装置

位置检测反馈装置根据系统要求不断测定运动部件的位置或速度，转换成电信号传输到数控装置中，数控装置将接收的信号与目标指令相比较、运算，并发出相应指令纠正所产生的误差。

（5）车床本体

车床本体是车床的主体，其作用与传统机床相同，只是操作由数控系统去自动地完成全部工作。与传统机床相比。其结构和性能上发生了较大的变化，具有结构简单、精度高、结构刚性好、可靠性高和传动效率高等特点。

（6）辅助控制系统

辅助控制系统的作用是把数控装置输出的辅助控制指令经过机床接口电路转换成电信号，用来控制冷却泵及转位换刀等辅助功能。

1.1.2 数控系统的主要功能

数控系统的硬件有各种不同的组成和配置，再安装不同的监控软件，就可实现对不同机床的控制。这样，数控系统就有不同的功能。

① 多坐标控制功能。控制系统可以控制的坐标轴的数目指的是数控系统最多可以控制多少个坐标轴，其中包括平动轴和回转轴。基本平动坐标轴是X、Y、Z轴；基本回转轴是A、B、C轴。联动轴数是指数控系统按照加工的要求可以控制同时运动的坐标轴的数量。

② 插补功能。指数控机床能够实现的运动轨迹。如直线、圆弧、螺旋线、抛物线、正弦曲线等。

③ 进给功能。包括快速定位、切削进给、手动连续进给、点动；进给量调整、自动加减速功能等性能。

④ 主轴功能。可实现恒转速、恒线速度、定向停车及转速调整等功能。

⑤ 刀具功能。可实现在机床上的自动选择和自动换刀。

⑥ 刀具补偿功能。包括刀具位置补偿、半径补偿和长度补偿等功能。

⑦ 机械误差补偿功能。系统可以自动补偿机械传动因部件间隙产生误差的功能。

⑧ 操作功能。通常都有单程序段运行、跳段运行、连续运行、

试运行、图形模拟仿真、机械锁住、暂停和急停等功能。

⑨ 程序管理功能。指对加工程序的检索、编制、修改、插入、删除、更名、锁住以及程序的存储通信等。

⑩ 图形显示功能。在显示器上进行二维或三维的图形显示。图形可进行缩放、旋转，还可进行刀具轨迹动态显示。

⑪ 辅助编程功能。如固定循环、镜像、图形缩放、子程序、宏程序、坐标轴旋转、极坐标等功能。

⑫ 自诊断报警功能。

⑬ 通信功能。

现在，市场上数控系统常用的有几十种，各有特色，不同的数控系统的编程指令大致相同，但是，同一 G 代码，不同的数控系统所代表的含义不完全一样；同一功能不同的数控系统采用的 G 代码也有差异。因此，在编程时应根据所使用的数控系统进行灵活运用。

本书以广州 GSK980TD 数控系统为例叙述，对广州 GSK928TE 数控系统、武汉华中 HNC-21T 数控系统、日本 FANUC 0i 系统，作了简单介绍。

1.1.3　数控车床机械部分的特点

与普通车床相比，数控车床的机械部分有以下特点：

① 定位精度和重复定位精度高。数控车床的进给机构采用了滚动螺旋传动。

② 刚性好。

③ 精度高。

④ 运动噪声小。

数控车削加工特点：

① 适应能力强，适于多品种、小批量零件的加工。

② 加工精度高，加工质量稳定。

③ 减轻劳动强度，改善劳动条件。

④ 具有较高的生产率和较低的加工成本。

⑤ 适于加工复杂型面。

1.1.4 数控车床的分类

数控车床按安装方式、伺服类型、结构特点、功能水平等可分为不同类型的数控车床。

（1）按安装方式分类

按安装方式分为立式数控车床和卧式数控车床。立式数控车床卡盘轴线垂直于水平面，以加工盘类零件为主；卧式数控车床卡盘轴线平行于水平面，主要加工较长轴类的零件，用途较为广泛。

立式数控车床见图 1-1 和图 1-2。卧式数控车床见图 1-3～图 1-7。

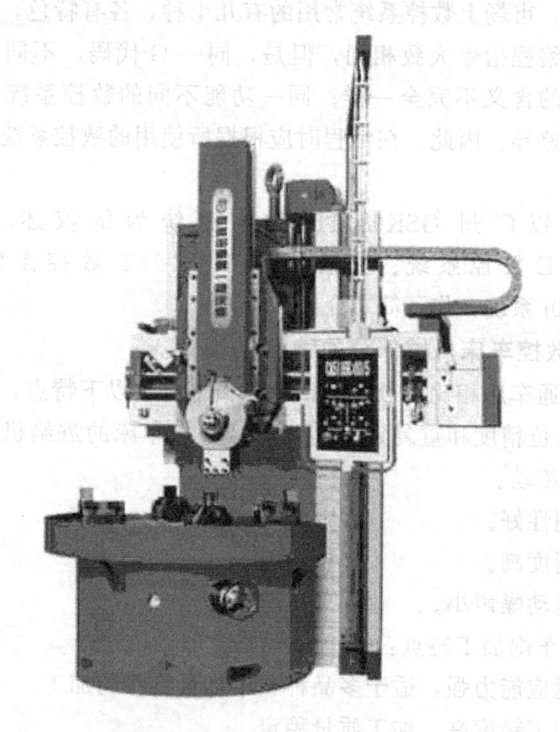

图 1-1 齐齐哈尔第一机床厂 CA6116E 立式数控车床

（2）按伺服类型分类

按伺服方式分为开环、闭环和半闭环数控车床。

图 1-2　齐齐哈尔第一机床厂 CA5231E 双柱立式数控车床

图 1-3　台湾胜杰斜床身后置刀架卧式数控车床

开环控制系统：多采用步进电机作为驱动部件，没有位置和速度反馈器件，所以控制简单，主要用于经济型数控车床。

闭环控制系统：采用伺服电动机作为驱动部件，采用直接安装在工作台的光栅或感应同步器作为位置检测器件，构成高精度的全闭环位置控制系统。

半闭环控制系统：采用伺服电动机作为驱动部件，多采用内装

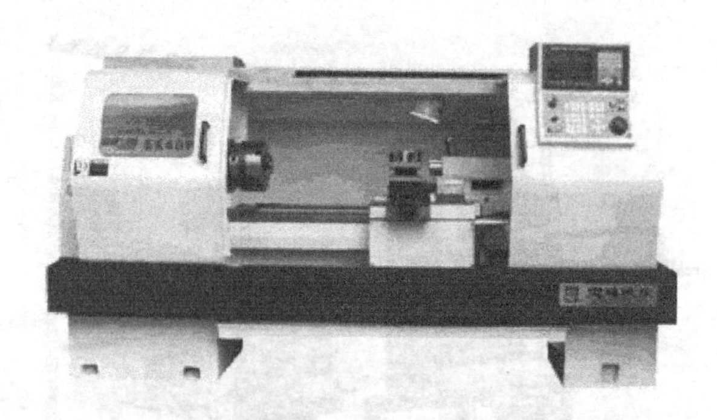

图 1-4　宝鸡机床厂前置刀架卧式数控车床

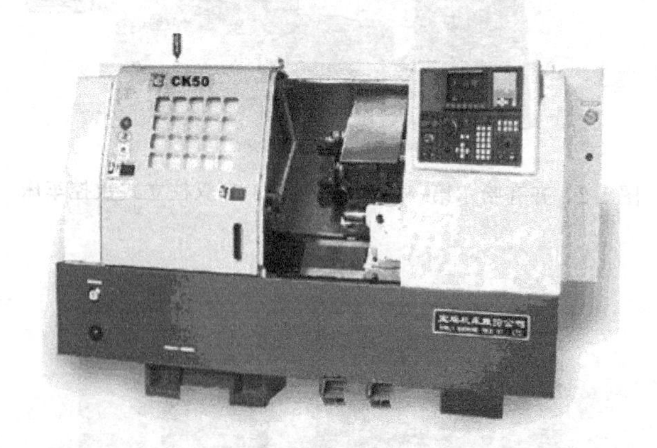

图 1-5　宝鸡机床厂 CK50 的斜床身后置刀架卧式数控车床

图 1-6　天水星火机床厂 CK84100 长床身卧式数控车床

图 1-7　天水星火机床厂 CW61200 重型卧式数控车床

在电动机内脉冲编码器、旋转变压器作为位置/速度检测器件，构成了半闭环控制系统。

(3) 按结构特点分类

① 按床身结构形式分为平床身、斜床身的数控车床。

② 按刀架位置形式分为前置式和后置式。

(4) 按功能水平分类

按功能水平分为经济型、普及型和高档数控车床。

1.2　数控车床加工过程

1.2.1　数控车床的工作原理

数控，即数字控制（Numerical Control，缩写为 NC），是指用数字化信号对机床运动及其加工过程进行控制的一种方法。用数字控制的机床称为数控机床，数控装置和伺服控制部分统称为数控系统。

数控机床的加工，首先要将被加工零件图样上的几何信息和工艺信息用规定的代码和格式编写成加工程序，然后将加工程序输入到数控装置，按照程序的要求，经过数控系统的信息处理、分配，使各坐标轴移动若干个最小位移量，实现刀具与工件的相对运动，完成零件的加工。

通常把数控机床上刀具运动轨迹是直线的加工，称为直线插补；刀具运动轨迹是圆弧的，称为圆弧插补。插补是指在被加工轨迹的起点和终点之间，插进许多中间点，进行数据点的细化工作，然后利用已知线形（如直线、圆弧等）逼近。

机床的数字控制是由数控系统完成的。数控系统包括数控装置、伺服驱动装置、可编程序控制器和检测装置等。数控装置是数控运动的中枢系统，其功能是能够快速接受零件图样加工要求的信息，按照规定的控制算法进行插补运算，并将结果由输出装置送到各坐标控制伺服系统。伺服驱动装置是数控系统的执行部分，能快速响应数控装置发出的指令，驱动机床各坐标轴运动，同时能提供足够的功率和转矩，它驱动主轴运动的控制单元、主轴电机、驱动进给运动的控制单元及进给电机。可编程序控制器（Programmable Controller，缩写为 PC）可对机床开关量控制，如主轴的启停、刀具更换、切削液开关、电磁铁的吸合、离合器的开合、各种运动的互锁、联锁，运动行程的限位、暂停、报警、进给保持、循环启动、程序停止、复位等。检测装置是采用闭环或半闭环控制系统的重要组成部分，其作用是对数控机床各部件的实际位移和速度进行检测，将检测结果转化为电信号反馈给数控装置或伺服控制系统，实现闭环或半闭环控制，从而自动完成零件的加工。

1.2.2 数控加工的工艺流程

数控加工的工艺流程：零件图纸→分析零件图纸，确定加工工艺并填写工艺卡和工序卡→编写零件程序，录入 CNC→进行程序检查，试运行→对刀，设置工件坐标系，设置刀具偏置→运行加工程序，进行零件加工→检查工件尺寸，修改程序或刀补→加工完成，检验。

（1）零件图纸

检查零件图纸，确认零件图纸正确。对零件图进行数学处理，进行编程所需节点的计算，进行编程所需螺纹等零件图纸未标尺寸的计算。

(2) 分析零件图纸，确定加工工艺并填写工艺卡和工序卡

根据零件图纸提供的零件形状、材料、精度、表面粗糙度、位置精度等，进行工艺分析，选择合适的机床，选择合适的刀具，确定切削用量，并且根据生产量确定加工工艺。

① 机床的合理选用 根据零件的结构尺寸、精度要求、生产批量和工厂的设备条件以及工人技术构成选择结构合理、稳定可靠的数控机床。

a. 尽可能地把粗车和精车分别安排在精度低和精度高的机床上，这样有利于长时间保持精度高的机床的精度。

b. 短零件尽可能安排在短床身的机床上，可避免机床的局部过快磨损。

c. 当有一定的批量时，尽可能地把粗车和精车分开，这样有利于长时间保持精度高的机床的精度，同时也可提高劳动生产率。

d. 根据工人技术构成，尽可能地把粗车和精车分开，这样有利于保证产品质量。

② 数控加工工艺性分析

a. 零件的结构工艺性分析，审查零件图样中的轮廓及尺寸标注是否适于加工和编程，零件尺寸标注的完整性。

b. 零件的精度与技术要求分析，审查零件加工精度能否满足零件精度要求，同时进行加工经济性分析，力求同时满足技术性和经济性要求。

③ 加工方法和加工方案的确定 根据零件图样要求和加工余量，选择经济合理的加工方法，可选粗车、半精车、精车、精密车等。

④ 工序和工步的划分 按照工序集中和工序分散原则，合理确定工序和工步。

⑤ 零件的定位和安装 按照工件的六点定位原理，合理确定定位和安装方式。

⑥ 加工刀具选择 按照综合考虑经济和技术指标原则，合理

选择加工刀具。

⑦ 切削用量的确定　按照综合考虑经济和技术指标原则，合理选择切削用量。

⑧ 加工路线的确定　按照合理利用现有设备、人员资源，最大限度地发挥这些资源的潜力原则，合理确定加工路线。

⑨ 填写工艺卡和工序卡　最后将以上分析结果填写到工艺卡和工序卡中。

（3）编写零件程序，录入CNC

① 首先确定工件坐标系的原点，而原点的选择要有利于编程，有利于测量，有利于保证零件精度。

② 根据工艺卡和工序卡规定的加工顺序、切削用量、刀具等编写零件程序。

③ 录入CNC，一般手工键盘输入，不能有一点差错。

（4）进行程序检查，试运行

试运行是保证人身和设备安全的必备工作，切不可省略。

（5）对刀，设置工件坐标系，设置刀具偏置

根据编写零件程序时确定的工件坐标系的原点，进行对刀操作。

（6）运行加工程序，进行零件加工

首件加工要把人身和设备安全放在第一位，可将切削用量调到正常工作时的50%左右，同时，要加倍提高注意力，确保人身和设备安全。

（7）检查工件尺寸，修改程序或刀补

检查工件尺寸，当工件实际尺寸与工件图纸尺寸不一致时，需修改程序或修改刀补。

（8）加工完成，检验

首件加工完成后，先自检，还必须经过质检员检查确认合格才能进行下一件的加工。

第2章

数控车床加工工艺基础

本章提要

1. 主要内容：本章是全书的重点，学好本章内容，是达到中级数控车工的标志。本章只介绍理论和原则，这些理论和原则的应用请参考以后各章的例题。主要内容如下。

(1) 介绍数控车床加工工艺规程的内容。

(2) 介绍数控车床加工工艺路线的确定原则。

(3) 介绍零件定位基准的选择和六点定位原理。

(4) 编程尺寸的确定和工艺尺寸链的计算。

(5) 金属切削三要素即切削速度、进给量和背吃刀量选择原则。

(6) 机床夹具的选择与使用。

(7) 刀具的选择。

2. 学习目标：熟练掌握数控车床加工工艺规程的编制方法，参考典型零件的介绍，对常见零件的加工工艺编制应熟练掌握。

3. 学习方法：以看例题为主，当对例题有不理解的地方时，再看有关知识的详细介绍。

2.1 数控车床加工工艺概述

数控车床加工工艺是学习数控技术的重点，所涵盖的内容丰富，涉及了零件加工的全过程。被加工零件千差万别，加工零件的环境变化多样，从中找出一些有规律的东西，进行分析、比较、总结，以求对确定各种零件加工工艺时有所帮助，一个好的加工工艺，要经过设计工艺→生产实践→改进工艺→生产实践→改进工艺的多次循环过程，才能逐步完善工艺。学习本章的目的，是为设计工艺和改进工艺提供帮助。

2.1.1 影响制订零件加工工艺规程的因素

① 零件的材料、形状、尺寸、尺寸精度、表面粗糙度、位置精度等。

② 生产规模：单件、小批、大批。

③ 机床：性能、精度、数量。

④ 操作者：技术水平、数量。

⑤ 与非数控车工上下工序的衔接。

⑥ 零件的毛坯状况。

2.1.2 制订零件加工工艺规程的内容

(1) 确定零件加工工艺路线，填写工艺卡（见表2-1）

表 2-1 工艺卡格式

工序号	工序内容	定位基准	加工设备

(2) 确定零件加工工序和工步，填写工序卡（见表2-2）

表 2-2 工序卡格式

工步号	工步内容	刀具号	刀具规格	切削速度 /m·min^{-1}	进给量 /mm·r^{-1}	背吃刀量 /mm	备注

(3) 编制零件加工程序

2.1.3 制订零件加工工艺规程的步骤

① 对零件图进行工艺性分析，选择机床，确定各工序的内容，确定各工序的定位基准，确定零件工艺路线。

② 确定零件编程原点，对零件图进行数学处理，计算编程所需基点和节点的坐标。确定各工序中各工步的内容。

③ 确定各工步的切削参数。

④ 确定各工步的刀具。

⑤ 编写零件加工程序。

2.1.4　制订零件加工工艺规程的作用

① 零件的加工工艺是生产准备工作的依据。例如，原材料及毛坯的供给，工艺装备的准备，生产计划的制订等。

② 零件加工工艺是组织生产的指导性文件。生产计划的制订，工人的操作，质量的检验都以工艺为依据。按照工艺生产，有利于稳定生产秩序，保证产品质量，获得较高的生产率和较好的经济性。

③ 便于积累经验，为以后制订类似零件加工工艺作参考，提高制订工艺的效率，提高工艺的技术水平。

所以，制订零件的加工工艺，是不可缺少的工作。特别不能认为只要编制好零件的加工程序，就可以解决任何问题，要知道，没有好的工艺，好的零件加工程序是编不出来的。对于初学者，更要养成良好的习惯，认真地编制好每个工艺。

2.1.5　编制车削工序卡

编制车削工序卡是属于加工工艺方面的内容。编制车削工序卡是编写程序之前要做的工作，主要是确定加工路线，选择刀具，确定切削速度、走刀量及背吃刀量。

要点提示：

① 在以后做题时都要先写工序卡，再编写程序，以后的实际工作也如此。

② 工步号用 10 进位，以便于在中间可加工步。

③ 工步内容要简明扼要，只要能说明问题又不至于产生误解及混淆，越简单越好。

2.2　工序的划分原则和数控车床加工工艺路线的确定

2.2.1　工序的划分原则

一个工人在一台机床上对同一个工件所连续完成的那一部分工

艺过程，在车床、装夹、加工人员三个项目均不改变的加工称为一道工序。

（1）工序集中原则

将各工步尽可能地集中在一道工序中完成称为工序集中原则。其优点是有利于保证各表面之间的相互位置精度，减少装夹次数，减少机床数量和车间面积。缺点是所需设备较复杂，要求的工人技术水平较高。适用于单件或小批生产，多数情况下生产效率较低。

（2）工序分散原则

将工步尽可能的分散，用较多工序加工。优点是所需设备相对简单，所需操作人员技术水平较低，多数情况下生产效率较高，适用于大批量生产。缺点是所需设备较多和需要较大的车间面积。

（3）粗车和精车分开原则

粗精分开，有利于提高加工件质量，有利于提高效率，有利于及早发现毛坯缺陷，减少工时浪费，可合理使用机床，有利于保护高精度机床，但工件上下机床次数较多。

（4）工序衔接原则

工序的划分要有利于与非数控车工序的衔接，也要有利于数控车各工序的衔接。

2.2.2 数控车床加工工艺路线的确定

（1）加工路线的选择原则

① 轴类零件。轴类零件的加工，以轴向切削为主，轴向切削的径向力小，工件变形小，效率高。

② 套类零件。套类零件的加工，粗车由外向内加工，精车由内向外加工。

③ 盘类零件。盘类零件的加工，以径向切削为主，空行程短，效率高。

（2）典型零件的加工工艺路线

合理利用现有设备、人力资源，最大限度地发挥这些资源的潜力。

① 寻求最短加工路线，减少空行程，减少辅助时间，获得最高效率。

② 按照精度优先原则，在满足精度要求前提下，安排粗精加工路线，使粗加工有较高效率。

③ 按照基准优先原则，满足定位要求，先把精基准首先加工好。

④ 按照减少工件变形的原则，先把不影响工件强度和刚度的部分切削去。

⑤ 按照不影响测量尺寸的原则，尽量减少精加工时的发热。

2.3　零件定位基准的选择和六点定位原理

2.3.1　基准的分类

基准是指以确定生产对象几何要素间的几何关系所依据的点、线、面。在一个零件上，基准就是确定该零件上其他点、线、面位置所依据的那些点、线、面。在机械零件的设计和加工过程中，按照不同要求选择哪些点、线、面作为基准，是直接影响零件加工工艺性和表面间尺寸、位置精度的主要因素之一。基准可分为设计基准和工艺基准两大类。

① 设计基准　指零件图上标注设计尺寸所采用的基准。

② 工艺基准　指在零件的工艺过程中所采用的基准，又可分为工序基准、定位基准、测量基准和装配基准。

a. 工序基准：在工序图中，用以确定本工序被加工面加工后的尺寸、形状、位置所采用的基准。

b. 定位基准：在加工时，用以确定工件在机床上或夹具中正确位置所采用的基准。

c. 测量基准：在加工中或加工后，用以测量工件形状、位置和尺寸误差所采用的基准。

d. 装配基准：在装配时，用以确定零件或部件在产品上相对位置所采用的基准。

2.3.2 工件的六点定位原理

任何一个自由刚体在空间均有六个自由度，如图 2-1 所示，即沿空间坐标轴 X、Y、Z 三个方向的移动和绕此三坐标轴的转动。在夹具中采用合理布置的六个定位支承点与工件的定位基准相接触，来限制工件的 6 个运动自由度，就称为六点定位原理。如图 2-2所示。

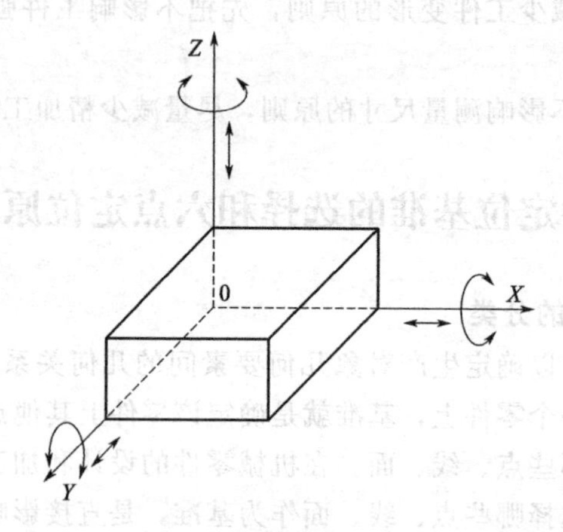

图 2-1 工件的六个自由度

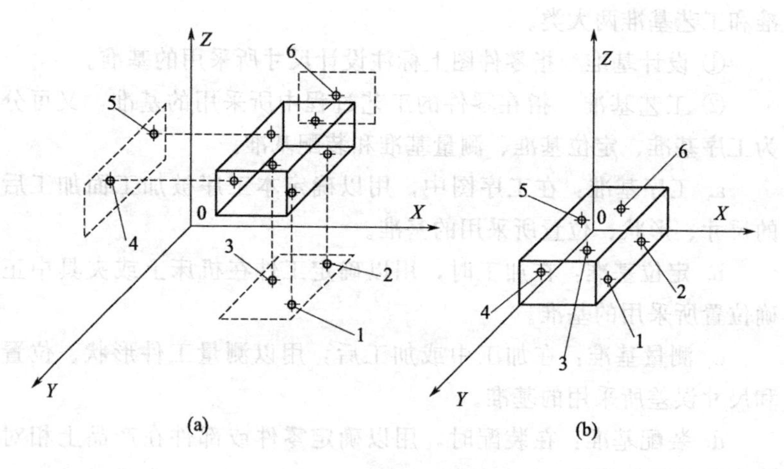

图 2-2 六点定位原理

应用六点定位原理实现工件在夹具中的定位应注意以下几点。

① 设置三个定位支承点的平面限制一个移动自由度和两个转动自由度，称为主要定位面。工件选作主要定位的表面应力求面积尽可能大些，而三个定位支撑点的分布尽量彼此远离和分散，绝对不能分布在一条直线上，以承受较大外力的作用，提高定位稳定性。

② 设置两个定位支承点的平面限制两个自由度，称为导向定位面。工件上选作导向定位的表面应力求面积狭而长，而两个定位支撑点的分布在纵长方向上应尽量远离，绝对不能分布在平面窄短方向上，以使导向作用更好，提高定位稳定性。

③ 设置一个定位支承点的平面限制一个自由度，称为止推定位面或防转定位面，究竟是止推作用还是防转作用，要根据这个支承点所限制的自由度是移动的还是转动的而定。

④ 一个支承点只能限制一个自由度。

⑤ 定位支承点必须与工件的定位基准始终贴紧接触。一旦分离，定位支承点就失去了限制工件自由度的作用。

⑥ 工件在定位时需要限制的自由度数目以及是哪几个自由度，完全由工件该工序的加工要求所决定，应根据具体情况进行具体分析，合理分布定位支承点的数量和分布情况。

⑦ 定位支承点所限制的自由度，原则上不允许重复或相互矛盾。

2.3.3 完全定位与不完全定位

工件的6个自由度全部被限制而在夹具中占有完全确定的唯一位置，称为完全定位。

没有全部限制工件的6个自由度，但也能满足加工要求的定位，称为不完全定位。不完全定位是允许的。

2.3.4 欠定位与过定位

根据加工要求，工件必须限制的自由度没有达到全部限制的定位，称为欠定位。欠定位是不能允许的。

工件在夹具中定位时，若几个定位支承点重复限制同一个或几个自由度，称为过定位。过定位是否允许应根据工件的不同加工情况进行具体分析。一般地，当工件以形状和位置精度很低的毛坯表面作为定位基准时，不允许采用过定位；而以已加工的或精度高的毛坯表面作为定位基准时，为了提高工件定位的稳定性和刚度，在一定条件下允许采用过定位。

2.3.5 定位基准的选择

在最初的零件加工工序中，只能选用毛坯的表面进行定位，这种定位基准称为粗基准；在以后各工序的加工中，可采用已加工过的表面进行定位，这种定位基准称为精基准。

（1）粗基准的选择原则

① 重要表面余量均匀原则。

② 工件表面间相互位置要求原则。

③ 余量足够原则。

④ 定位可靠性原则。

⑤ 不重复使用原则。

（2）精基准的选择原则

① 基准重合原则。设计基准和定位基准重合。

② 统一基准原则。用统一的定位基准（精基准）加工各表面。

③ 定位可靠性原则。

特别需要指出的是：当基准不重合时，要进行工艺尺寸链的计算。

2.4 编程尺寸的确定和尺寸链的计算

图样上提供的尺寸信息是根据加工零件的技术要求来确定的，它们必须经过合理的处理才能用于编程，才能加工出合格的零件。确定编程尺寸的步骤如下。

2.4.1 确定编程坐标系，选择编程原点

同一个零件，同样的加工，由于原点选的不同，编程尺寸的数字是不同的。原点的选择要尽量满足编程简单、尺寸换算少、引起

的加工误差小等条件，还要考虑到对刀的方便，测量方便。一般情况下，以坐标式尺寸标注的零件，程序原点应选在尺寸标注的基准点；对称零件或以同心圆为主的零件，程序原点应选在对称中心线或圆心上。

2.4.2　基点坐标的计算

（1）基点的含义

一个零件的轮廓曲线可能由许多不同的几何要素所组成，如直线、圆弧等。构成零件轮廓的不同几何素线的交点或切点称为基点。基点可直接作为其运动轨迹的起点或终点。基点坐标是编程中的重要数据。

（2）基点坐标直接计算的内容

① 每条运动轨迹的起点和终点在选定坐标系中的坐标。

② 圆弧运动轨迹的圆心坐标。

③ 基点坐标计算的方法：一般根据零件图样所给的已知条件由人工完成，运用代数、几何、三角等有关知识计算出数值，计算困难的最好采用《CAXA 电子图板》软件查询功能查询（CAXA 电子图板本书不作介绍）。

2.4.3　公制普通螺纹的内外径计算

（1）公制普通外螺纹的内外径计算

① 外径：外径＝公称外径－0.13P（P 为螺距）。

② 底径：底径＝公称外径－1.299P（P 为螺距）。

（2）公制普通内螺纹的内外径计算

① 螺纹底孔：底孔＝公称直径－1.0825P－(0.05～0.2)mm。

② 螺纹根径：根径＝公称直径。

2.4.4　编程尺寸的直接计算——求平均值计算

图样上给定的尺寸都是有一定公差的，一般情况下，在编程时应取最大极限尺寸和最小极限尺寸的平均值作为编程尺寸，也就是取中值尺寸作为编程尺寸。但是，在公差值小于 0.02 时，取最大实体尺寸比较好（最大实体尺寸的含义是：当零件是轴时，是最大尺寸；当零件是孔时，是最小尺寸）。因为考虑到机床的加工误差，零件公差小于 0.02 时，已是普通数控机床难于控制的范围，这样做，可减少废品的产生。

2.4.5 编程尺寸的尺寸链计算

（1）尺寸链的概述

① 尺寸链和工艺尺寸链的定义　尺寸链是指相互联系的按一定顺序排列的封闭尺寸组。在零件的加工过程中由有关工序尺寸组成的尺寸链称为工艺尺寸链。如图 2-3（a）为零件图，图 2-3（b）为尺寸链图。由 50、30、(20) 三个尺寸组成一个尺寸链，其中：(20) 叫封闭环，50、30 都叫组成环，而 50 又叫增环，30 又叫减环。

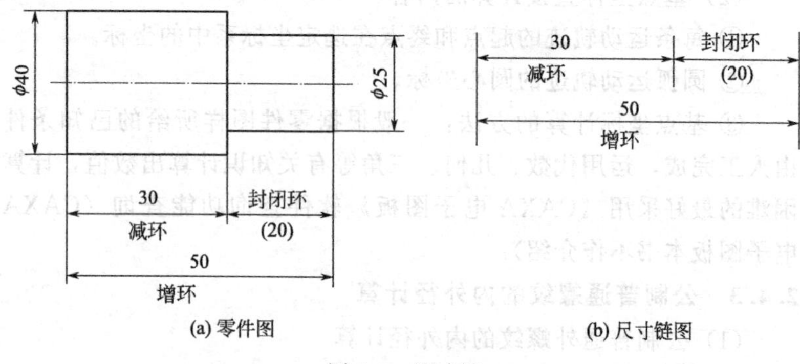

图 2-3　尺寸链

封闭环：被间接获得的尺寸那个环（也叫开口环），例如尺寸 (20)。

增环：当其他环不变，因其增大（或减小），而封闭环也相应增大（或减小）的组成环。

减环：当其他环不变，因其增大（或减小），而封闭环也相应减小（或增大）的组成环。

② 尺寸链的特性

a. 封闭性。尺寸链是一组有关尺寸首尾相接构成封闭形式的尺寸。

b. 关联性。尺寸链中间接保证的尺寸的大小和变化是受那些直接获得的尺寸的精度所支配的，彼此间具有特定的函数关系，并且间接保证的尺寸的精度必然低于直接获得的尺寸的精度。

(2) 尺寸链的计算

封闭环的基本尺寸：封闭环的基本尺寸在图纸上是不标注的(有时因看图方便，标注时必须用括号括起。) 其计算方法如下。

① 封闭环的基本尺寸＝所有增环基本尺寸之和－所有减环基本尺寸之和。

② 封闭环的公差＝各组成环公差之和。

③ 封闭环的最大极限尺寸＝所有增环最大极限尺寸之和－所有减环最小极限尺寸之和 (公式 3)。

④ 封闭环的最小极限尺寸＝所有增环最小极限尺寸之和－所有减环最大极限尺寸之和 (公式 4)。

(3) 工艺尺寸链的计算

图纸上的尺寸链是设计尺寸链，当定位基准与设计基准重合时(或编程基准与设计基准重合时)，不需要进行尺寸链的计算。但是，当定位基准与设计基准不重合时 (或编程基准与设计基准不重合时)，就要进行工艺尺寸链的计算，计算方法如下。

① 首先确定封闭环：图纸上的封闭环已不是工艺尺寸链的封闭环，加工时，间接获得的尺寸是封闭环。

② 封闭环的公差是图纸上给定的，不能随意更改。要根据封闭环的公差，重新分配各组成环的公差。

③ 各组成环的上偏差和下偏差也是图纸给定的，不能随意新定，要根据重新分配给的各组成环公差，在图纸给定的上偏差和下偏差范围内，确定各组成环上偏差和下偏差的位置。

例 2-1　如图 2-4 中：图 2-4(a) 是零件图，图 2-4(b) 是尺寸链图，图中尺寸 40 是封闭环，尺寸 50 和尺寸 10 是组成环，设计基准是左端面，由于加工和测量的困难，改为测量尺寸 40 和测量尺寸 50，尺寸 10 就变成了封闭环，这就需要进行工艺尺寸链的计算。

a. 首先确定封闭环：尺寸 10 是间接获得的尺寸，是封闭环。

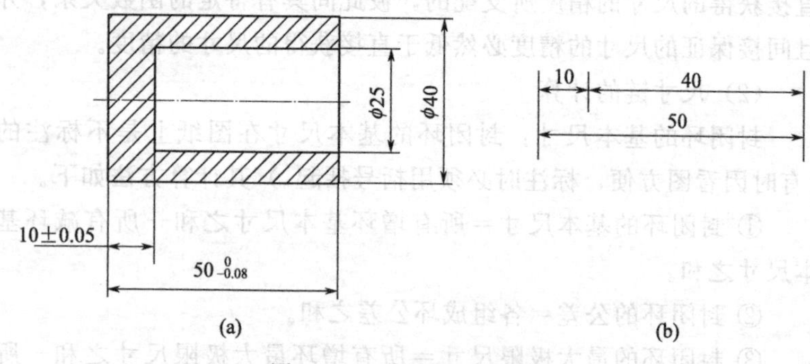

图 2-4 工艺尺寸链的计算

b. 封闭环的公差是图纸上给定的，尺寸 10 的公差是 0.1。根据封闭环的公差等于各组成环公差之和公式，尺寸 50 和尺寸 40 的公差之和等于 0.1。

c. 各组成环的上偏差和下偏差也是图纸给定的，尺寸 50 的公差是 0.08，由于封闭环的公差只有 0.1，所以，考虑加工和测量时可能达到的精度及公差分配的合理性，尺寸 50 和尺寸 40 各分公差 0.05。这样，尺寸 50 的上偏差 0 不变，下偏差改为 −0.05。

d. 计算尺寸 40 的上下偏差：

尺寸 40 的最大极限尺寸计算：9.95＝49.95－尺寸 40 的最大极限尺寸

尺寸 40 的最大极限尺寸＝49.95－9.95＝40

尺寸 40 的最小极限尺寸的计算：10.05＝50－尺寸 40 的最小极限尺寸

尺寸 40 的最小极限尺寸＝50－10.05＝39.95

例 2-2 如图 2-5 所示为一套筒，以端面 A 定位加工缺口时，计算尺寸 A_3 及其公差。

a. 计算 A_3 的公称尺寸：60－35＋12＝37。

b. 分析：尺寸 12 是含有 A_3 的尺寸链的封闭环，其公差是 0.15，C 面是车孔时加工的，在加工缺口之前，所以，AC 距离 25

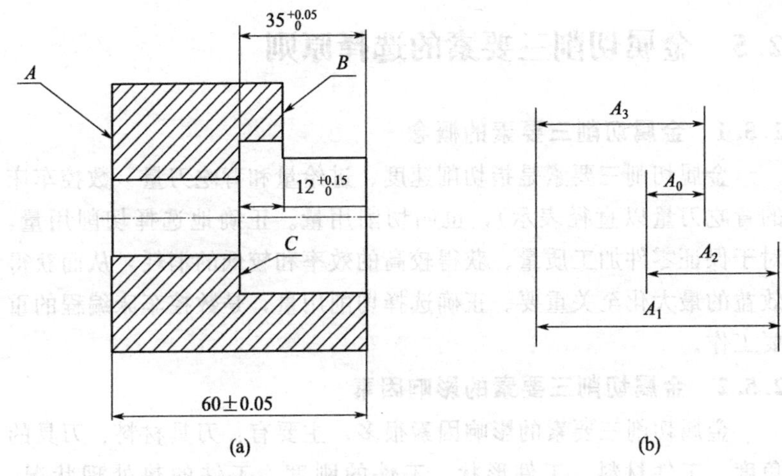

图 2-5　计算套筒的尺寸 A_3 及其公差

既是含有 A_3 尺寸链的减环，也是含有 60、35 尺寸链的开口环，AC 距离 25 的公差在作减环时已经限制，既 AC 距离 25 和 A_3 两个尺寸的公差和是 0.15（封闭环的公差等于各组成环的公差和），又由于 AC 距离 25 是含有 60、35 尺寸链的开口环，分配公差如下：AC 距离 25 的公差 0.10；A_3 的公差 0.05；60 的尺寸公差为 0.05；35 的尺寸公差为 0.05。

c. 计算：首先确定 60 的尺寸公差为＋0.05；35 的尺寸公差为＋0.05（在图纸给定的公差范围之内）。

AC 距离 25 的最大极限尺寸＝60.05－35＝25.05

AC 距离 25 的最小极限尺寸＝60.0－35.05＝24.95

d. 计算：

A_3 最大＝12.15＋24.95＝37.10

A_3 最小＝12＋25.05＝37.05

计算依据：12.15＝A_3 最大－AC 距离 25 最小极限尺寸 24.95

12＝A_3 最小－AC 距离 25 最大极限尺寸 25.05

通过对编程尺寸的一系列计算，获得了编程尺寸，在编程时，要根据计算获得的尺寸进行编程。

2.5 金属切削三要素的选择原则

2.5.1 金属切削三要素的概念

金属切削三要素是指切削速度、进给量和背吃刀量（数控车床的背吃刀量以直径表示），也叫切削用量。正确地选择切削用量，对于保证零件加工质量、获得较高的效率和较低的消耗，从而获得效益的最大化至关重要。正确选择切削用量，是数控车床编程的重要工作。

2.5.2 金属切削三要素的影响因素

金属切削三要素的影响因素很多，主要有：刀具材料、刀具的角度、工件材料、工件形状、工件的刚度、工件的热处理状况、机床的功率和性能、机床的刚度、加工方式（粗加工或精加工、车外圆或镗孔、切断、车螺纹等）、零件加工精度及表面粗糙度等。

2.5.3 数控切削用量推荐表（见表2-3）

表 2-3 数控切削用量推荐表

项目 \ 因素	刀具材料	工件材料	粗车	精车	切断、切槽	车螺纹	车内孔	零件表面粗糙度/μm	零件尺寸精度
切削速度/m·min⁻¹	YT5	45 钢	80		40	30	80	6.3	IT9
	YT15	45 钢		120			120	3.2	IT7
	YG8	HT200	50		30	30	50	6.3	IT9
	YG3	HT200		70			70		IT7
	高速钢	钢 45	30	50	30	30	粗 30 精 50	6.3 3.2	IT9, IT7
	硬度高升	有色金属升	粗车降	精车升	切断降			1.6 升	IT6 升
	硬度低降	软升 硬降						6.3 降	IT10 降

续表

项目 \ 因素	刀具材料	工件材料	粗车	精车	切断、切槽	车螺纹	车内孔	零件表面粗糙度/μm	零件尺寸精度
进给量 $/mm \cdot r^{-1}$	YT5	45 钢	0.3		0.2		0.3	6.3	IT9
	YT15	45 钢		0.15			0.15	3.2	IT7
	YG8	HT200	0.4		0.2		粗 0.4/ 精 0.2	6.3	IT9 IT7
	YG3	HT200		0.2				3.2	IT7
	高速钢	45 钢	0.3	0.15	0.1		粗 0.3/ 精 0.15	6.3 3.2	IT9 IT7
	硬脆降	有色 金属升		精车降	切断降			1.6 降	
	软升	软升 硬降						6.3 升	
背吃刀量 /mm	YT5	45 钢	≤4		≤5		≤3	3.2	IT9
	YT15	45 钢		0.3			≤0.3	6.3	IT7
	YG8	HT200	≤8		≤5		≤6	6.3	IT9
	YG3	HT200		0.3			≤0.3	3.2	IT7
	高速钢	45 钢	≤4	0.3	≤5		粗≤4， /精 0.3	6.3 3.2	IT9 IT7
	硬度 高降	有色 金属升	粗车升	精车降					
	硬度 低升	软升硬降							

注：1. 横向查，前几项中的刀具材料、工件材料、刀具材料硬度、工件材料硬度是该行的限制条件，对应每一列的限制条件粗加工或精加工、车外圆或镗孔、切断、车螺纹、零件加工精度及表面粗糙度等，就是符合各个限制条件的推荐值。

2. 带升或降的项目，是指在除本项之外的其他限制条件都不变的情况下，仅因本项的影响切削用量产生升或降的变化。

2.5.4　金属切削三要素的选择原则

（1）背吃刀量的选择

一般情况下，背吃刀量是根据加工余量确定的。在机床功率和工艺系统允许的情况下，尽可能选取较大的背吃刀量，以减少进给次数。一般当毛坯直径余量小于 6mm 时，根据加工精度要求确定是否精车，剩下的余量可一次切除。一般半精车的余量取 0.5mm 左右，精车余量取 0.4mm 左右。

（2）切削速度的确定

影响切削速度的最主要因素是刀具材料，刀具材料限制了最高切削速度，例如用 YT5 硬质合金刀具切削 45 正火钢，最高切削速度被限制在 80m/min 左右，再想提高很多是不现实的。影响切削速度的另一主要因素是工件材料的硬度，当工件材料硬度较高时，必须使用较低的切削速度。应当指出的是，交流变频调速电机低速输出力矩小，因而切削速度不能太低。切削速度确定之后，主轴转速用下式计算：

主轴转速(r/min)＝1000×切削速度(m/min)/π×工件直径(在切削刃选定点处,mm)

（3）进给量的确定

进给量的主要限定条件是车床主电机功率、车床刚性和工件表面粗糙度。粗车时，车床功率和车床刚性起主要限定作用；精车时，工件表面粗糙度起主要限定作用。一般情况，粗车的进给量取 0.2～0.8mm/r，精车的进给量取 0.1～0.3mm/r。

（4）进行综合分析比较，最后确定切削用量

影响切削用量参数选择的因素很多，根据以上提示，抓住主要矛盾，找出影响切削用量参数选择的主要因素，大致确定切削用量参数，再认真排查其他因素，进行综合分析比较，最后确定切削用量。表 2-3 可供选择切削用量时参考，参考的主要内容是影响因素的排查范围和分析方法，而不是具体的参数。具体参数的确定，要视具体情况作具体分析。

金属切削三要素是学习工艺的重要内容，它不仅影响零件的加工质量，更重要的是影响效率。如果每一项参数都只取了应当取的 1/2，而效率就只相当于应当发生的效率的 1/8。可见，金属切削三要素各项参数的选择是何等的重要。要在掌握基本原则的基础上，通过长期的积累经验，特别在批量产品的生产中，通过不断地

改进切削参数，不断地总结经验，找出一些有规律的东西，最终实现轻松自如地选择参数。另外，数控车床对切削速度和进给量都有手动调整功能，程序中的参数通过手动调整，可弥补程序中参数的不足。

2.6　机床夹具的选择与使用

机床夹具是机械加工工艺系统的一个重要组成部分，它的功能有定位和夹紧两项，要区分定位与夹紧，特别在车床上加工零件，很多地方用自定心三爪卡盘装夹工件，三爪卡盘既是定位元件，又是夹紧元件，所以，往往混淆了定位和夹紧元件的区别。

定位是指确定工件在机床或夹具占有正确位置的工艺过程。定位的任务是：使一批工件中的每个工件在同一工序中都能在机床或夹具中占据正确的位置。

夹紧是指将工件定位后的位置固定下来，使其在加工过程中保持定位位置不变的工艺过程。工件夹紧的任务是：使工件在切削力、离心力、惯性力和重力作用下不离开已经占有的正确位置，保证机械加工的正常进行。

2.6.1　车床夹具的分类

① 通用夹具　是指已经标准化的，在一定范围内可用于加工不同工件的夹具。例如：三爪自定心卡盘、平口钳、分度头等。其特点是适应性广，但生产效率低，主要适用于单件小批生产中。

部分通用夹具如图 2-6～图 2-9 所示。

② 专用夹具　指专门设计、专门用于一工件的一工序，其特点是结构紧凑，操作方便、迅速、省力，可以保证较高的加工精度和生产效率，适用于大批量生产。图 2-10 所示为多种数控车床专用夹具，用于外形不规则定位零件。

③ 组合夹具　指按零件的加工要求，由一套事先制造好的标准元件和部件组装而成的夹具。其特点是灵活多变，通用性强，适用于小批生产。

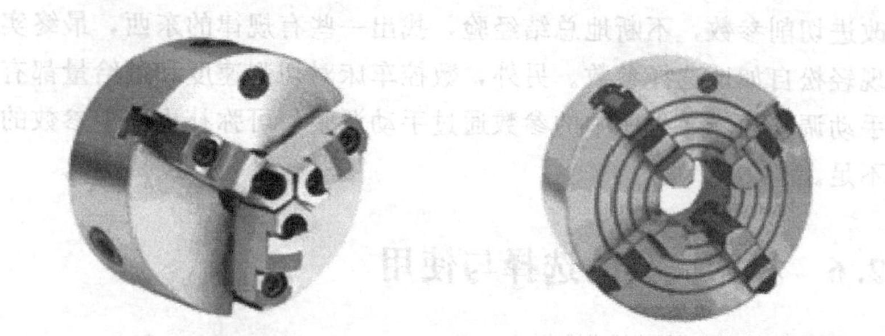

图 2-6　三爪自定心卡盘

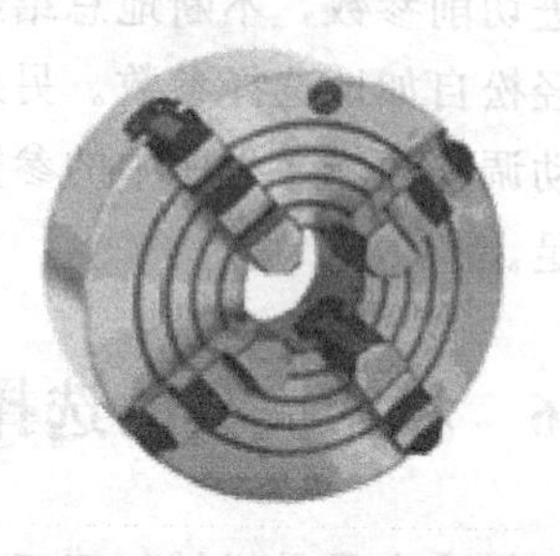

图 2-7　四爪单动卡盘

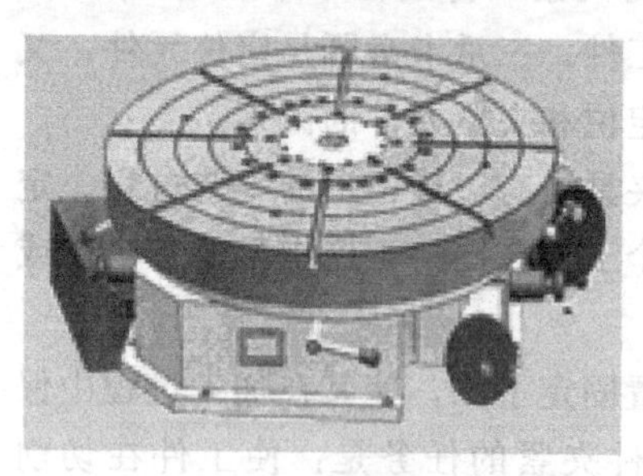

图 2-8　机械转台

图 2-9　数控分度头

图 2-10　多种数控车床专用夹具

④ 动力夹具　指用气动、电动、液压为动力的夹具。它既可与通用夹具相配合使用，例如动力卡盘等，又可与专用夹具相配合使用。特点是省力、省时、适用于大批量生产。

多种数控车床动力夹具如图 2-11～图 2-16 所示。

图 2-11　后拉式动力卡盘

图 2-12　立式动力卡盘

图 2-13　非标动力卡盘

图 2-14　浮动卡盘

2.6.2　工件在夹具中的定位

工件在夹具中的定位要符合六点定位原理。要根据生产批量和零件的形状、精度等选择夹具，并使工件在夹具中正确定位。

① 工件以外圆定位。工件以外圆定位，是车床上常见的方式，定位方式如下。

a. 三爪自定心卡盘，定位误差大于 0.06mm 左右，效率低。动力三爪自定心卡盘效率高，但定位误差大于 0.06mm 左右。

b. 张紧套式，定位误差大于 0.01mm 左右，效率高。可同时进行端面定位，但需要手动或动力。

(a) (b) (c)

图 2-15 轮毂卡盘

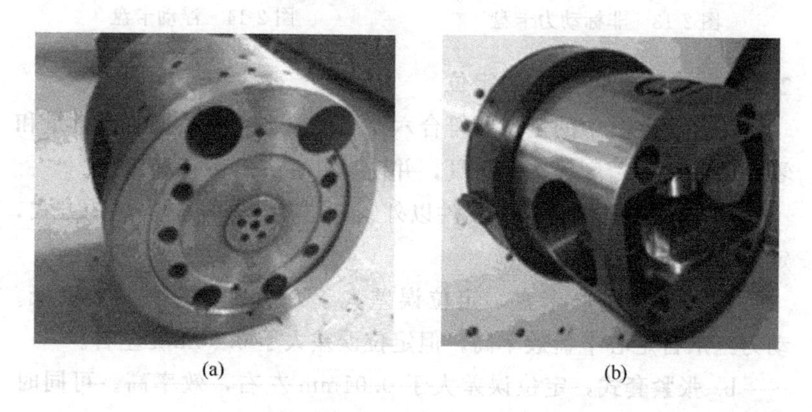
(a) (b)

图 2-16 分度卡盘

c. 锥套式，定位误差大于 0.01mm 左右，效率高。不能进行端面定位，可以不用手动或动力。

② 工件以内孔定位。工件以内孔定位，也是常见的方式，定位方式如下。

a. 三爪自定心卡盘，定位误差大于 0.06mm 左右，效率低。动力三爪自定心卡盘效率高，但定位误差大于 0.06mm 左右。

b. 圆柱芯轴式，定位误差大于 0.02mm 左右，效率高。可同时进行端面定位，但需要手动或动力。短芯轴见图 2-17(a)，长芯轴见图 2-17(b)。

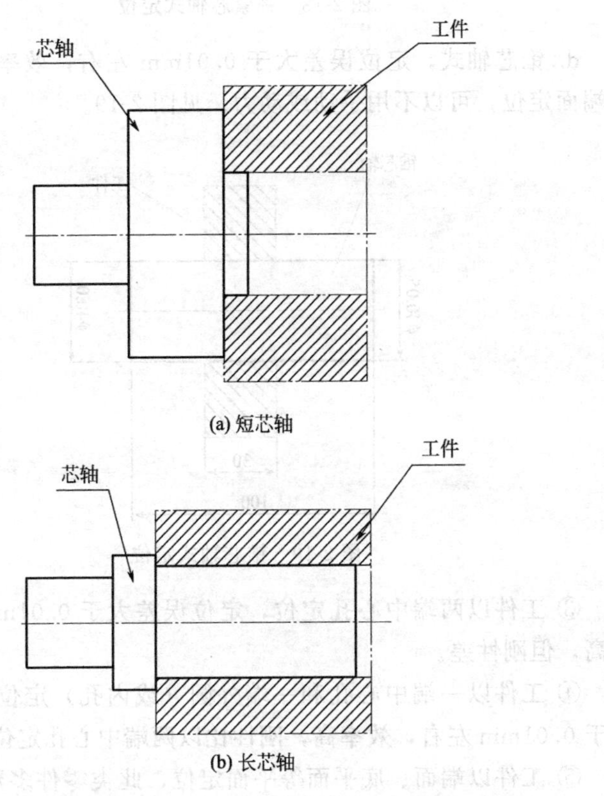

图 2-17　圆柱芯轴式定位

c. 张紧芯轴式，定位误差大于 0.01mm 左右，效率高。可同时进行端面定位，但需要手动或动力。见图 2-18。

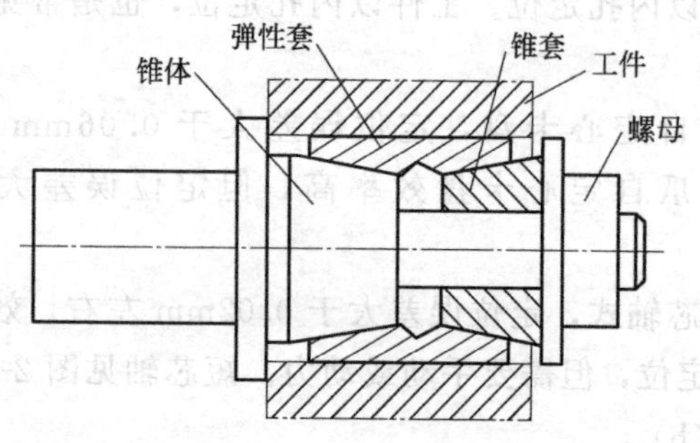

图 2-18 张紧芯轴式定位

d. 锥芯轴式，定位误差大于 0.01mm 左右，效率高。不能进行端面定位，可以不用手动或动力。见图 2-19。

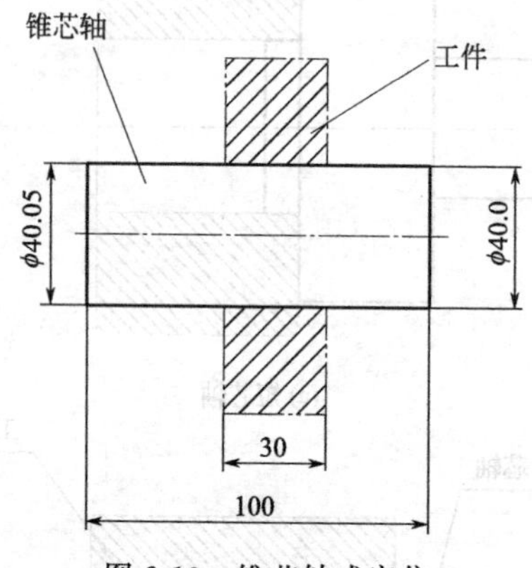

图 2-19 锥芯轴式定位

③ 工件以两端中心孔定位，定位误差大于 0.01mm 左右，效率高，但刚性差。

④ 工件以一端中心孔和一端外圆（或内孔）定位，定位误差大于 0.01mm 左右，效率高，刚性比以两端中心孔定位好。

⑤ 工件以端面、底平面等平面定位，此类零件多数是箱体类，一般的要用专用夹具，形态各异，要根据具体的零件形状作具体

分析。

2.6.3　工件在夹具中的夹紧

工件在夹具中夹紧的作用是：将工件定位后的位置固定下来，使其在加工过程中保持定位位置不变，使工件在切削力、离心力、惯性力和重力作用下不离开已经占有的正确位置，保证机械加工的正常进行。夹紧力必须大小适宜，方向正确，着力点位置恰当，操作还要方便。

① 夹紧力的方向　一般要求夹紧力的方向应指向主要定位基准面，把工件压向定位元件的主要定位面上，应使工件变形最小，特别对于薄壁零件，更应注意夹紧力的方向。同时，夹紧力的方向应使所需夹紧力最小。

② 夹紧力的作用点　一般要求，夹紧力的作用点应靠近支承元件的几何中心或几个支承元件所形成的支承面内，还要求夹紧力的作用点应坐落在刚度较好的部位上，同时要求夹紧力的作用点应尽可能地靠近被加工表面。

③ 夹紧力的大小　夹紧力的大小主要影响工件定位的可靠性、工件的夹紧变形，因此，夹紧力的大小应适中。

夹紧力的大小、方向、作用点，是一个综合性的问题，必须全面考虑工件的结构特点、工艺方法、定位元件的结构和布置等多种因素，进行综合分析而最后确定。

2.7　刀具的选用原则

2.7.1　刀具选择应考虑的主要因素

① 被加工材料的性能，即金属材料与非金属材料，其硬度、刚度、塑性、韧性及耐磨性等。

② 加工工艺类别，即车削、钻削、镗削或粗加工、半精加工、精加工等。

③ 工件的几何形状、是否断续切削、加工余量、零件的技术指标等。

④ 刀具能承受的切削用量，即切削速度、进刀量和背吃刀量。

2.7.2 数控车床用刀具的特点

与普通车床用刀具相比，要求刀具的精度高，刚性好，装夹调整方便，切削性能好，耐用度高。所以，数控车床用刀具的选择应从以下几方面考虑。

① 使用焊接式刀具或可转位刀具　可转位刀具与焊接式刀具相比有以下特点：刀片是独立的功能元件，其切削性能得到了扩展和提高；机械夹紧式避免了焊接工艺的影响和限制，更有利于根据加工对象选择各种材料的刀片，并充分发挥其切削性能，从而提高了切削效率；切削刃空间位置相对刀体固定不变，节省了换刀、对刀等所需的辅助时间，提高了机床的利用率。图 2-20 所示为可转位车刀，图 2-21 所示为可转位刀具刀片。

图 2-20　可转位车刀

图 2-21　可转位刀具刀片

② 刀具材质的选择　选择刀具的材质，主要考虑被加工工件的材质和粗精车等，一般情况下，以顺利加工工件为前提，尽可能地选择硬度较高的刀具材料，这样可获得较高的加工效率。粗车时，由于刀具承受较大的切削力，宜取强度较高的材料，以获得较

大的背吃刀量和较大的进刀量；精车时，由于刀具承受较小的切削力，宜取硬度较高的材料，以获得较高的切削速度。

③ 刀具角度的选择　与普通车床相似。需要注意的是，在保证零件加工质量的前提下，应综合考虑刀具寿命、切削用量等因素，以获得较高的效率。

2.7.3 选用刀具的步骤

① 选刀具材料　首先根据工件材料、工件形状（是否断续切削）、工件热处理状况和粗精车等，选择硬度较高的材料。例如，车削淬火钢，首选立方氮化硼刀具，当淬火钢的硬度低于 40HRC 时，可考虑用 YT15 或 YT30 硬质合金。如果工件是断续切削，可考虑用 YG8 硬质合金或高速钢。

② 选刀具形状　要根据工件的形状选刀具的形状，最起码的要求是，所选刀具的形状应能满足加工工件形状的要求，不能因刀具而造成过切从而影响零件的加工精度。其次应考虑主偏角和副偏角的大小，应使切削顺利，一般情况下，主偏角 75°较好，副偏角 7°较好。

③ 选刀具角度　刀具角度的选择比较复杂，影响因素较多，应抓主要矛盾。

a. 刀具前角的选择。前角的大小影响切削过程中变形和摩擦，它又影响刀具的强度与散热体积，从而影响刀具寿命和生产率。增大前角，可使切削变形和摩擦减少，从而使切削力减小，切削热少，加工表面质量提高。但是，前角大，减小切削变形，不易断屑。而且前角大，降低切削刃和刀头的强度，切削区散热条件差，刀头容易崩刃，降低了刀具寿命。

b. 后角和副后角的选择。后角和副后角的大小直接影响刀具后面与工件过渡表面的摩擦和刀具强度。后角越大，切削刃越锋利，但是，后角过大时，会降低切削刃的强度与散热能力，只有选择合适的后角数值时，才会获得较高的刀具寿命。

c. 主偏角及副偏角的选择。主偏角和副偏角确定了刀尖角，直接影响刀尖处的强度、导热面积和散热体积。主偏角减小，刀头体积增大，刀具强度提高，散热条件改善，提高了刀具强度和寿命。同时，减小主偏角和副偏角，使工件表面的残留面积减小，工件表面粗糙度提高，其中副偏角的影响比较明显。同时，减小主偏角会使背向力（即 X 向力）增大，引起振动。此外，主偏角还影响切削刃单位长度上的负荷大小和断屑效果。主偏角还影响工件表面形状。副偏角的主要作用是减小副切削刃与已加工表面间的摩擦，它的大小对表面粗糙度和刀具寿命有较大影响。

d. 刃倾角的选择。刃倾角主要影响工件加工表面质量和刀具强度。改变刃倾角，可控制流屑方向。精车和半精车时，希望取正的刃倾角，使切屑流向待加工面，而不划伤已加工面。增大刃倾角，可使刃口变得锋利，可以切下很薄的金属层，改善加工表面的质量。选用负的刃倾角，增大了刀头的体积，提高了刀具强度。所以，有些高性能车刀的特点是：在增大刀具前角的同时选取负刃倾角，在切削时，既能减小切削变形，又能有效地保证刀具有足够的强度，从而解决了刀具在使用时出现的“锋利与强固”难于并存的矛盾（刀具角度的定义请参见有关资料）。

第3章

数控车床编程入门

本章提要

1. 主要内容：(1) 介绍数控车床编程基础，包括编程指令、坐标系、子程序、宏程序，介绍恒线速、恒转速、每分进给、每转进给的功能。(2) 介绍加工台阶圆、圆锥、圆弧、螺纹、粗车、精车、切断的编程和工序卡的编制。

2. 学习目标：熟练掌握简单零件的编程方法，了解子程序的使用方法。

3. 学习方法：以看例题为主，当对例题有疑问时，再看指令的详细介绍。(说明：现在，市场上数控系统常用的有几十种，各有特色，不同的数控系统的编程指令大致相同，但是，同一G代码，不同的数控系统所代表的含义不完全相同；同一功能不同的数控系统采用的G代码也有差异。因此，在编程时应根据所使用的数控系统进行灵活运用。)

3.1　数控车床编程基础

3.1.1　数控车床功能代码

① 准备功能（G功能）是使数控车床建立起某种加工方式的指令，如直线插补、刀具补偿、固定循环等，G功能由地址符和其后的两位数字组成。G功能有模态G功能和非模态G功能之分。模态G功能被执行时一直有效，直到被同一组的G功能注销为止，模态G功能组中包含一个缺省G功能。非模态G功能只在规定的程序段有效。

GSK928、GSK980、HNC-21T、FANUC常用G、M、T、F、S功能对照表（前刀架）见表3-1。

表3-1 常用G、M、T、F、S功能对照表

项目	指令	GSK928	GSK980	HNC-21T	FANUC0i	备注
刀具	T0101	T11	T0101	T0101	T0101	模态
切削速度	恒线速		G96 S_	G96 S_	G96 S_	模态
切削速度	恒转速	G97 S_	G97 S_	G97 S_	G97 S_	初态
切削进给	mm/min	mm/min	G98 F_	G94 F_	G98 F_	初态
切削进给	mm/r	无此功能	G99 F_	G95 F_	G99 F_	模态
快速定位	G0	G0	G0	G0	G0	初态
直线插补	G1	G1	G1	G1	G1	模态
顺圆插补	G3	G2	G3	G3	G3	模态
逆圆插补	G2	G3	G2	G2	G2	模态
暂停	G4 P_	G4 D_	G4 P_	G4 P_	G4 P_	非模态
公制螺纹	G32	G33 P_	G32 F_	G32 F_	G32 F_	模态
英制螺纹	G32	G33 E_	G32 I_	G32 F_	G32 F_	模态
轴向循环	G90	G90	G90	G80	G90	模态
径向循环	G94	G94	G94	G81	G94	模态
螺纹循环	G92	G92	G92	G82	G92	模态
轴向粗车循环	G71	G71	G71	G71	G71	非模态
径向粗车循环	G72	G72	G72	G72	G72	非模态
封闭粗车循环	G73	无此功能	G73	G73	G73	非模态
轴向切槽循环	G74	无此功能	G74			非模态
径向切槽循环	G75	无此功能	G75			非模态
精车循环	G70	无此功能	G70	G70	G70	非模态
螺纹多重循环	G76	无此功能	G76	G76	G76	非模态
左刀补	G42	无此功能	G42	G42	G42	模态
右刀补	G41	无此功能	G41	G41	G41	模态
取消刀补	G40	无此功能	G40	G40	G40	初态

续表

项目	指令	GSK928	GSK980	HNC-21T	FANUC0i	备注
绝对值编程		X,Z 表示	X,Z 表示	G90 X_Z_	X,Z 表示	模态
增量值编程		U,W 表示	U,W 表示	G91 X_Z_	U,W 表示	模态
程序暂停	M0	M0	M0	M0	M0	非模态
程序结束	M2	M2	M2	M2	M2	非模态
程序结束并返回程序起点	M30	M30	M30	M30	M30	非模态
调用子程序	M98	M98	M98	M98	M98	非模态
子程序结束	M99	M99	M99	M99	M99	非模态
主轴正转启动	M3	M3	M3	M3	M3	模态
主轴反转启动	M4	M4	M4	M4	M4	模态
主轴停止转动	M5	M5	M5	M5	M5	模态
换刀	M6	M6	M6	M6	M6	非模态
切削液开	M8	M8	M8	M8	M8	模态
切削液关	M9	M9	M9	M9	M9	模态

② 辅助功能（M 功能）由地址符 M 和其后的一或两位数字组成，主要用于控制零件程序的走向以及机床各种辅助功能的开关动作。M 功能也有模态和非模态之分。

③ 主轴功能 S。

④ 进给速度功能 F。

⑤ 刀具功能 T。

3.1.2 指令格式

（1）顺圆插补

G3 X_ Z_ R_ G3 X_ Z_ I_ K_

（2）顺圆插补

G3 U_ W_ R_ G3 U_ W_ I_ K_（说明：HNC-21T 设定 G91 相对坐标以 X、Z 取代 U、W。以下相同，不再提示）

I：圆弧圆心相对于圆弧起点 X 向移动距离，其中 I 的不同系统区别含义见表 3-2。

表 3-2 I的不同系统区别含义

项目	GSK928	GSK980	HNC-21T	FANUC 0i	备注
I	直径值	半径值	半径值	半径值	

K：圆弧圆心相对于圆弧起点 Z 向移动距离。

X，Z：圆弧终点绝对坐标。

U，W：圆弧终点相对坐标。

R：圆弧半径。

（3）逆圆插补

G2（格式同 G3）。

（4）车螺纹

G32 X__Z__F（I）__J__K__Q

X，Z：螺纹终点绝对坐标。

F：公制螺距。

K：Z 轴方向退尾量。

J：X 向退尾量，Q 表示螺纹起始角，不同系统区别含义见表3-3。

表 3-3 J、K、Q 含义

指令	GSK928	GSK980	HNC-21T	FANUC 0i	备注
J	直径值	半径值	E,半径值		
K	Z 轴方向退尾量	Z 轴方向退尾量	R,Z 轴方向退尾量		
Q		螺纹起始角	P,螺纹起始角		

I：英制螺纹每英寸牙数。

GSK928 指令为 G33，公制螺纹螺距为 P，英制螺纹每英寸牙数为 E。

注：当螺纹的起点与终点的 X 向坐标不一致时车锥螺纹。

（5）轴向车直台阶循环

G90 X__Z__

X，Z：切削终点绝对坐标。

HNC-21T 为 G80 指令。

（6）轴向车锥循环

G90　U__W__R__

U、W、R 的含义见图 3-1，其切削循环路线为 $A—B—C—D—A$。

U 的符号由 $A—B$ 的 X 向确定。

W 的符号由 $B—C$ 的 Z 向确定。

R 的符号由 $C—B$ 的 X 向确定。

当 R 与 U 的符号不一致时，$|R|\leqslant|U/2|$。

U：切削终点与起点 X 轴绝对坐标的差值，单位：mm。

W：切削终点与起点 Z 轴绝对坐标的差值，单位：mm。

R：切削起点与终点 X 轴绝对坐标的差值，半径值，单位：mm，带方向。

① 车正锥　走刀路线 1 如图 3-1 所示。

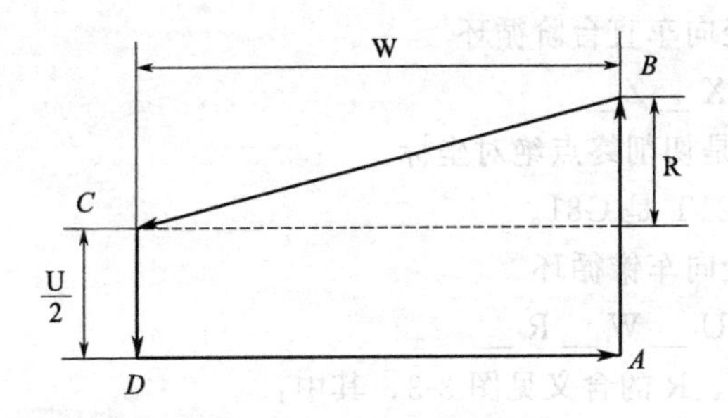

图 3-1　车正锥走刀路线 1

不同系统区别：R、U 含义见表 3-4。

表 3-4　R、U 含义

指令	GSK928	GSK980	HNC-21T	FANUC 0i
R	直径差	半径差	I,半径差	半径差
U	条件 | U | ≥ | R |			

② 车倒锥　走刀路线 2 如图 3-2 所示。

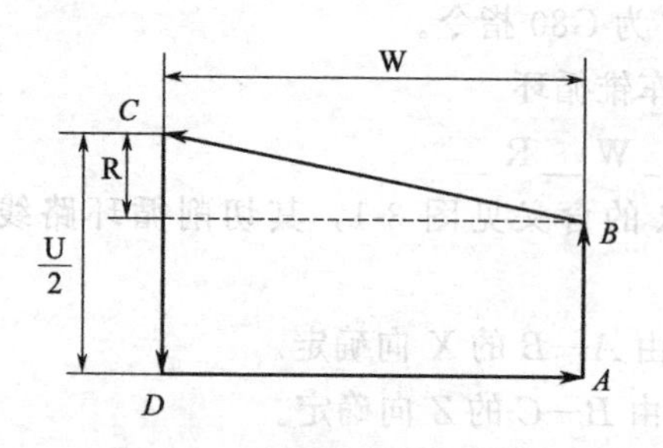

图 3-2 车倒锥走刀路线 2

不同系统区别：R、U 含义见表 3-5。

表 3-5 R、U 含义

指令	GSK928	GSK980	HNC-21T	FANUC 0i
R	直径差	半径差	半径差	半径差
U	条件|U|≥|2R|	条件|U|≥|2R|		

(7) 径向车直台阶循环

G94 X__Z__

X，Z 是切削终点绝对坐标。

HNC-21T 是 G81。

(8) 径向车锥循环

G94 U__W__R__

U、W、R 的含义见图 3-3，其中：

U 的符号由 *B*—*C* 的 *X* 向确定。

W 的符号由 *A*—*B* 的 *Z* 向确定。

R 的符号由 *C*—*B* 的 *Z* 向确定。

当 R 与 U 的符号不一致时，|R|≤|W|。

U：切削终点与起点 *X* 轴绝对坐标的差值，单位：mm。

W：切削终点与起点 *Z* 轴绝对坐标的差值，单位：mm。

R：切削起点与终点 *Z* 轴绝对坐标的差值，半径值，单位：mm，带方向。

① 车正锥 走刀路线如图 3-3 所示。

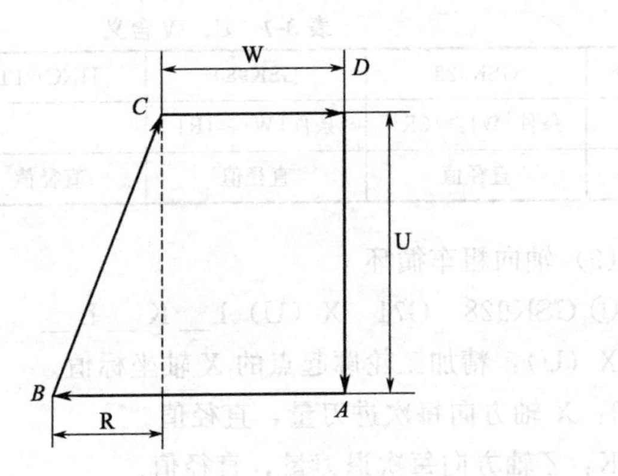

图 3-3　车正锥走刀路线 2

不同系统区别：U、W 含义见表 3-6。

表 3-6　U、W 含义

指令	GSK928	GSK980	HNC-21T	FANUC 0i
W	条件|W|≥|R|			
U	直径值	直径值	直径值	直径值

② 车倒锥　走刀路线如图 3-4 所示。

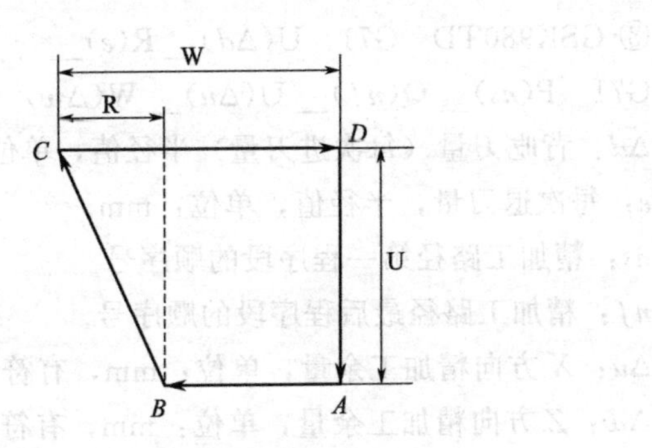

图 3-4　车倒锥走刀路线 2

不同系统区别：U、W 含义见表 3-7。

表 3-7　U、W 含义

指令	GSK928	GSK980	HNC-21T	FANUC 0i
W	条件|W|≥|2R|	条件|W|≥|R|		
U	直径值	直径值	直径值	直径值

（9）轴向粗车循环

① GSK928　G71　X（U）I＿K＿L＿

X（U）：精加工轮廓起点的 X 轴坐标值。

I：X 轴方向每次进刀量，直径值。

K：Z 轴方向每次退刀量，直径值。

L：描述最终轨迹的程序段数量（不含自身）。

② HNC-21T　G71　U(Δd)＿R(e)＿P(ns)＿Q(nf)＿X(Δu)＿Z(Δw)

Δd：背吃刀量（每次进刀量）半径值。

e：每次退刀量。

ns：精加工路径第一程序段的顺序号。

nf：精加工路径最后程序段的顺序号。

Δu：X 方向精加工余量。

Δw：Z 方向精加工余量。

③ GSK980TD　G71　U(Δd)＿R(e)＿

G71　P(ns)＿Q(nf)＿U(Δu)＿W(Δw)

Δd：背吃刀量（每次进刀量）半径值，单位：mm。

e：每次退刀量，半径值，单位：mm。

ns：精加工路径第一程序段的顺序号。

nf：精加工路径最后程序段的顺序号。

Δu：X 方向精加工余量，单位：mm，有符号。

Δw：Z 方向精加工余量，单位：mm，有符号。

④ FANUC 0i 同 GSK980TD。

（10）径向粗车循环

① GSK928　G72　Z(W)＿I＿K＿L＿

Z（W）：精加工轮廓起点的 Z 轴坐标值。

I：Z 轴方向每次进刀量。

K：Z 轴方向每次退刀量。

L：描述最终轨迹的程序段数量（不含自身）。

② HNC-21T　G72　W（Δd）_ R（e）_ P（ns）_ Q（nf）_ X（Δu）_ Z（Δw）

Δd：背吃刀量（每次进刀量）。

e：每次退刀量。

ns：精加工路径第一程序段的顺序号。

nf：精加工路径最后程序段的顺序号。

Δu：X 方向精加工余量。

Δw：Z 方向精加工余量。

③ GSK980TD　G72　W(Δd)_ R(e)_

G72　P(ns)_ Q(nf)_ U(Δu)_ W(Δw)

Δd：背吃刀量（每次进刀量），单位：mm。

e：每次退刀量，单位：mm。

ns：精加工路径第一程序段的顺序号。

nf：精加工路径最后程序段的顺序号。

Δu：X 方向精加工余量，单位：mm，有符号。

Δw：Z 方向精加工余量，单位：mm，有符号。

④ FANUC 0i 同 GSK980TD。

（11）封闭切削循环

① GSK980TD　G73　U(Δi)_ W(Δk)_ R(d)

G73　P(ns)_ Q(nf)_ U(Δu)_ W(Δw)_

Δi：X 轴粗车退刀量，半径值，单位：mm，有符号。

Δk：Z 轴粗车退刀量，单位：mm，有符号。

d：切削的次数。

ns：精加工路径第一程序段的顺序号。

nf：精加工路径最后程序段的顺序号。

Δu：X 方向精加工余量，单位：mm，有符号。

Δw：Z 方向精加工余量，单位：mm，有符号。

② FANUC 0i 同 GSK980TD。

③ HNC-21T　G73　U(ΔI)_ W(Δk)_ R(d)_ P(ns)_ Q(nf)_ X(Δu)_ Z(Δw)_

ΔI：X 轴方向总退刀量。

Δk：Z 轴方向总退刀量。

d：粗切削次数。

ns：精加工路径第一程序段的顺序号。

nf：精加工路径最后程序段的顺序号。

Δu：X 方向精加工余量。

Δw：Z 方向精加工余量。

（12）精车循环

GSK980TD、FANUC 0i、HNC-21T 相同：G70　P(ns) Q(nf)

ns：精加工路径第一程序段的顺序号。

nf：精加工路径最后程序段的顺序号。

（13）直螺纹切削循环

G92　X_ Z_ F(I)_ J_ K_ L_

X，Z：切削终点坐标，单位：mm。

F：公制螺纹螺距，单位：mm。

I：英制螺纹每英寸牙数。

J：螺纹退尾 X 轴向移动量（短轴），单位：mm。

K：螺纹退尾 Z 轴向移动量（长轴），单位：mm。

L：多头螺纹的头数。

不同系统区别见表 3-8。

表 3-8　不同系统区别

指令	GSK928	GSK980	HNC-21T	FANUC 0i
公制螺纹螺距	P	F	F	F
英制螺纹每英寸牙数	E	I		
螺纹退尾 X 轴向移动量	I	J	E	

续表

指令	GSK928	GSK980	HNC-21T	FANUC 0i
螺纹退尾 Z 轴向移动量	K	K	R	
多头螺纹的头数	L	L	P:相邻螺纹主轴转角	
指令:G92	G92	G92	G82	G92

(14) 锥螺纹切削循环

G92　U_W_R_F(I)_J_K_L_

U、W、R 的含义见图 3-5，其切削循环路线为 $A—B—C—D—A$。

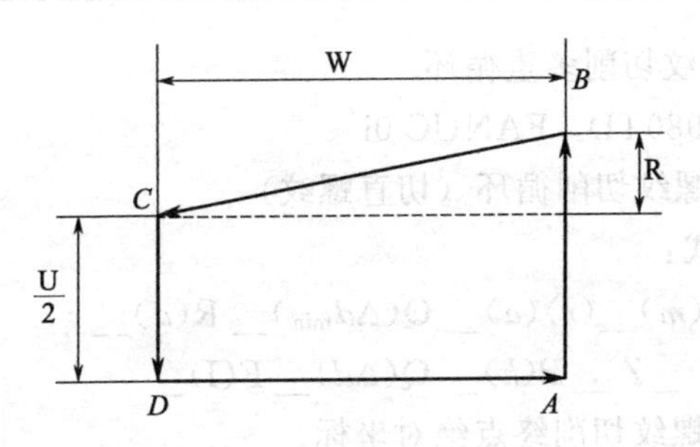

图 3-5　U、W、R 的含义

U 的符号由 $A—B$ 的 X 向确定。

W 的符号由 $B—C$ 的 Z 向确定。

R 的符号由 $C—B$ 的 X 向确定。

J：螺纹退尾 X 轴向移动量（短轴），单位：mm。

K：螺纹退尾 Z 轴向移动量（长轴），单位：mm。

L：多头螺纹的头数。

当 R 与 U 的符号不一致时，要求$|R|\leqslant|U/2|$。

U：螺纹切削终点与起点 X 轴绝对坐标的差值，单位：mm。

W：螺纹切削终点与起点 Z 轴绝对坐标的差值，单位：mm。

R：螺纹切削起点与终点 X 轴绝对坐标的差值，半径值，单位：mm。

不同系统区别见表 3-9。

表 3-9 不同系统区别

指令	GSK928	GSK980TD	HNC-21T	FANUC 0i
公制螺纹螺距	P	F	F	F
英制螺纹每英寸牙数	E	I		
螺纹退尾 X 轴向移动量	I	J	E	
螺纹退尾 Z 轴向移动量	K	K	R	
多头螺纹的头数	L	L	P:相邻螺纹主轴转角	
指令:G92	G92	G92	G82	G92
切削起点与终点 X 轴绝对差值	R 直径差	R 半径差	I 半径差	

(15) 螺纹切削多重循环

① GSK980TD，FANUC 0i

a. 多重螺纹切削循环（切直螺纹）

指令格式：

G76　P(m)__(r)(a)__ Q(Δd_{min})__ R(d)__

G76　X__ Z__ P(k)__ Q(Δd)__ F(I)__

X，Z：螺纹切削终点绝对坐标。

m：螺纹精车次数。

r：螺纹退尾长度（单位：0.1×螺距）。

a：相邻两牙螺纹的夹角。

Δd_{min}：螺纹粗车时的最小切削量（单位：0.001mm，半径值）。

d：螺纹精车的总切削量（单位：0.001mm，半径值）。

k：螺纹牙高（单位：0.001mm，半径值）。

Δd：第一次螺纹切削深度（单位：0.001mm，半径值）。

F：公制螺纹螺距（单位：mm）。

I：英制螺纹每英寸牙数。

b. 多重螺纹切削循环（切锥螺纹）

指令格式：

G76　P(m)__(r)(a)__ Q(Δd_{min})__ R(d)__

G76　U__ W__ R(i)__ P(k)__ Q(Δd)__ F(I)__

U、W：螺纹切削终点与起点的绝对坐标差值。

m：螺纹精车次数。

r：螺纹退尾长度（单位：0.1×螺距）。

a：相邻两牙螺纹的夹角。

Δd_{min}：螺纹粗车时的最小切削量（单位：0.001mm，半径值）。

d：螺纹精车的总切削量（单位：0.001mm，半径值）。

i：螺纹锥度（半径值）。

k：螺纹牙高（单位：0.001mm，半径值）。

Δd：第一次螺纹切削深度（单位：0.001mm，半径值）。

F：公制螺纹螺距（单位：mm）。

I：英制螺纹每英寸牙数。

② HNC-21T　G76　C(m)__ R(r)__ E(e)__ A(a)__ X(u)__ Z(w)__ I(i)__ K(k)__ U(d)__ V(Δd_{min})__ Q(Δd)__ P(p)__ F(L)__

m：精车次数。

r：螺纹 Z 向退尾长度。

e：螺纹 X 向退尾长度。

a：刀尖角（二位数字），在 80°、60°、55°、30°、29°、0°六个角度中选择。

u，w：绝对编程时为螺纹终点坐标，增量编程时为螺纹终点相对起点距离。

Δd_{min}：最小背吃刀量。

Δd：精加工余量。

i：锥螺纹，螺纹两端半径差。

k：螺纹高度，半径值。

d：第一次背吃刀量，半径值。

p：主轴基准脉冲处距离切削起点的主轴转角，多头螺纹用。

L：螺纹导程。

(16) 恒线速切削

① 恒线速切削：指令 G96　S__ (m/min)

② 恒线速切削控制时的主轴最高速度值限制：指令 G50　S__

(r/min)

(17) 恒转速切削

G97　S__ (r/min)

(18) 每转切削进给

G99　F__ (mm/r)

(19) 每分钟切削进给

G98　F__ (mm/min)

3.1.3 数控车床的坐标系

为简化编程和保证程序的通用性，对数控机床的坐标轴和方向命名制定了统一的标准，规定直线进给坐标轴用 X、Y、Z 表示，常称为基本坐标轴。如图 3-6 所示。

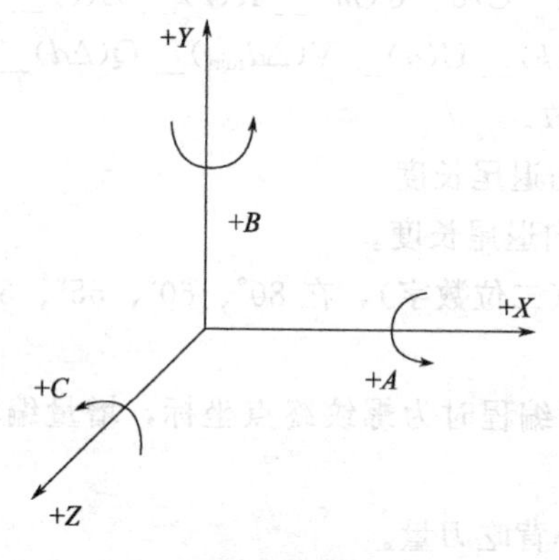

图 3-6　数控车床的坐标系

围绕 X、Y、Z 轴旋转的圆周进给坐标轴分别用 A、B、C 表示，方向如图 3-6 所示。

数控机床的进给运动，有的由主轴带动刀具运动来实现，有的由工作台带着工件运动来实现。

机床坐标轴的方向取决于机床的类型和各组成部分的布局。

对车床而言：Z 轴与主轴轴线重合，沿着 Z 轴正方向移动将增大零件和刀具间的距离；X 轴垂直于 Z 轴，对应于转塔刀架的径向移动，沿着 X 轴正方向移动将增大零件和刀具间的距离。

3.1.4　机床坐标系和机床零点

机床坐标系是机床固有的坐标系，机床坐标系的原点称为机床原点或机床零点。在机床经过设计、制造和调整后，这个原点便被确定下来，它是固定的点。

数控装置上电时并不知道机床零点，为了正确地在机床工作时建立机床坐标系，机床两个坐标轴的机械行程是由最大和最小限位来限定的，*Z* 轴和 *X* 轴的正向最大位置就是机床零点。如图 3-7 所示。

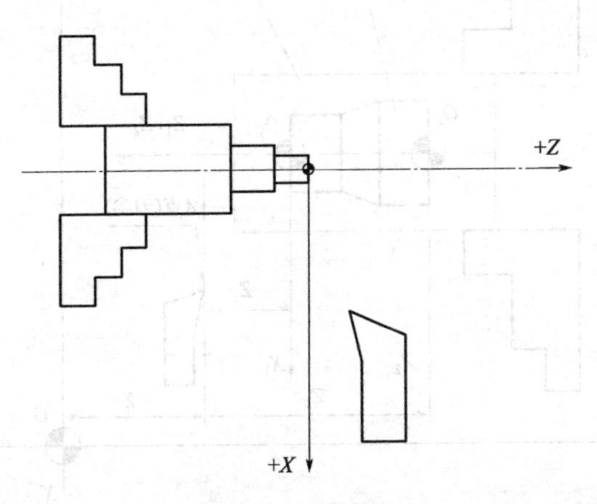

图 3-7　机床零点

操作时，让机床回机床零点，可确定机床坐标系的零点，有效地消除机床工作时的累积误差，提高 *Z* 轴和 *X* 轴的定位精度。

3.1.5　工件坐标系、程序原点和对刀点

工件坐标系是编程人员在编程时使用的，编程人员选择工件上的某一已知点为程序原点，建立一个新的坐标系，称为工件坐标系。工件坐标系一旦建立便一直有效，直到被新的坐标系所取代。

工件坐标系的原点选择要尽量满足编程简单，尺寸换算少，引起的加工误差小等条件。一般情况下，程序原点应选在尺寸标注的基准或定位基准上。对车床编程而言，工件坐标系原点一般选在工件轴线与工件的前端面、后端面、卡爪前端面的交点上。

对刀点是零件加工的起始点，对刀的目的是确定程序原点在机床坐标系的位置，对刀点可选在任何方便对刀之处，但是，该点与程序原点之间必须有确定的坐标联系。

加工开始时要设置工件坐标系。可通过试切对刀或用回机械零点对刀方式建立工件坐标系。如图 3-8 所示。

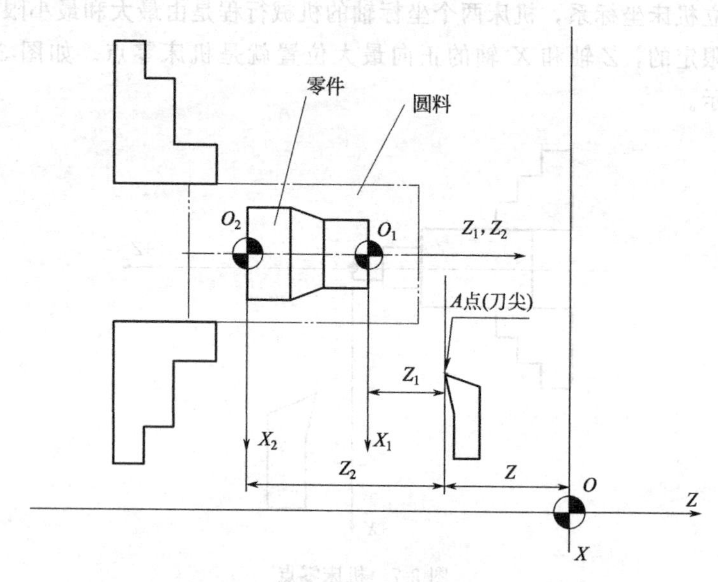

图 3-8　工件坐标系

图 3-8 中，XOZ 为机床坐标系，$X_1O_1Z_1$ 为 X 坐标轴在工件首端的工件坐标系，$X_2O_2Z_2$ 为 X 坐标轴在工件尾端的工件坐标系，O 为机械零点，A 为刀尖，A 在上述三坐标系中的坐标为：A 点在机床坐标系的坐标为（X，Z）；A 点在 $X_1O_1Z_1$ 坐标系的坐标为（X_1，Z_1）；A 点在 $X_2O_2Z_2$ 坐标系的坐标为（X_2，Z_2）。

3.1.6　零件程序的结构

一个零件程序是一组被传送到数控装置中去的指令和数据。

一个零件程序是由遵循一定结构、句法和格式规则的若干个程序段组成的，而每个程序段是由若干个指令字组成的。下面是一个完整的程序。

```
程序名          O0000
                N0010  G0  X100  Z100  T0101;
                N0020  G99  G96  M3  S80;
程序段选跳符    /N0030  F0.3;   指令字
程序段号        N0040  G0  Z2;
                N0050     X30;   程序段
                N0060  G1  X28;
                N0070  Z-40;     程序段结束符
                N0080  M30;
程序结束符      %
```

（1）程序名

GSK980TD最多可以存储384个程序，为了识别区分各个程序，每个程序都有唯一的程序名，程序名位于程序的开头由O及起后的四位数字构成。

（2）指令字的格式

指令字是用于命令CNC完成控制功能的基本指令单元，指令字由一个英文字母（称为指令地址）和其后的数值（称为指令值，为有符号的数或无符号数）构成。指令地址规定了其后指令值的意义。在不同的指令字组合情况下，同一个指令地址可能有不同的意义。

例如：X 100中的X是指令地址，100是指令值，合起来叫指令字。

一个指令字是由地址符（指令字符）和带符号（如定义尺寸的字）或不带符号（如准备功能G代码）的数字数据组成的。

程序段不同的指令字符及其后续数值确定了每个指令字的含义。在程序段中包含的主要指令字符如表3-10所示。

表3-10 指令字符一览表

指令地址	指令值取值范围	功能意义
O	0～9999	程序名
N	0～9999	程序段号
G	00～99	准备功能

续表

指令地址	指令值取值范围	功能意义
X	−9999.999~9999.999(mm)	X 轴坐标
X	0~9999.999(s)	暂停时间
Z	−9999.999~9999.999(mm)	Z 轴坐标
U	−9999.999~9999.999(mm)	X 轴增量
U	0~9999.999(s)	暂停时间
U	−99.999~99.999(mm)	G71、G72、G73 指令中 X 轴精加工余量
U	0.001~99.999(mm)	G71 中切削深度
U	−9999.999~9999.999(mm)	G73 中 X 轴退刀距离
W	−9999.999~9999.999(mm)	Z 轴增量
W	0.001~99.999(mm)	G72 中切削深度
W	−99.999~99.999(mm)	G71、G72、G73 指令中 Z 轴精加工余量
W	−9999.999~9999.999(mm)	G73 中 Z 轴退刀距离
R	−9999.999~9999.999(mm)	圆弧半径
R	0.001~99.999(mm)	G71、G72 中循环退刀量
R	1~9999(次)	G73 中粗车循环次数
R	0.001~99.999(mm)	G74、G75 中切削后的退刀量
R	0.001~99.999(mm)	G74、G75 中切削后到终点时的退刀量
R	0.001~9999.999(mm)	G76 中精加工余量
R	−9999.999~9999.999(mm)	G90、G92、G94 中锥度
I	−9999.999~9999.999(mm)	圆弧中心相对起点在 X 轴矢量
I	0.06~25400(牙/英寸)	英制螺纹牙数
K	−9999.999~9999.999(mm)	圆弧中心相对起点在 Z 轴矢量
F	0~8000(mm/min)	分钟进给速度
F	0.0001~500(mm/r)	每转进给量
F	0.001~500(mm)	公制螺纹导程
S	0~9999(r/min)	主轴转速指定
S	00~04	多挡主轴输出
T	01~32	刀具功能

续表

指令地址	指令值取值范围	功能意义
M	00～99	辅助功能输出、程序执行流程
M	9000～9999	子程序应用
P	0～9999999(0.001 秒)	暂停时间
P	0～9999	调用的子程序号
P	0～999	子程序调用次数
P	0～9999999(0.001mm)	G74、G75 中 X 轴循环移动量
P		G76 中螺纹切削参数
P	0～9999	复合循环指令精加工程序段中起始程序段号
Q	0～9999	复合循环指令精加工程序段中结束程序段号
Q	0～9999999(0.001mm)	G74、G75 中轴循环移动量
Q	0～9999999(0.001mm)	G76 中第一次切入量
Q	0～9999999(0.001mm)	G76 中最小切入量
H	01～99	G65 中运算符

（3）程序段

程序段由若干个指令字构成，以“;”结束，CNC 程序运行的基本单位。程序段之间用字符“;”分开。

一个程序段中可输入若干个指令字，也允许无指令字而只有“;”号结束符，有多个指令字时，指令字之间必须输入一个或一个以上空格。

在同一程序段中，除 N、G、S、T、H、L 等地址外，其他的地址只能出现一次，否则，将产生报警（指令字在同一程序段中被重复指令），N、G、S、T、H、L 指令字在同一程序段中重复输入时，相同地址的最后一个指令字有效。同组的 G 指令在同一程序段中重复输入时，最后一个 G 指令有效。

（4）程序段号

程序段号由地址和后面四位数构成：N0000 至 N9999，前导零可以省略。程序段号应位于程序段的开头，否则无效。

程序段号可以不输入，但程序调用、跳转的目标程序段必须有程序段号，程序段号的顺序可以是任意的，其间隔也可以不相等，为了方便查找、分析程序，建议程序段号按编程顺序递增或递减。

如果在开关设置页面将“自动序号”设置为“开”，将在插入程序段时自动生成递增的程序段号。

3.1.7 子程序

(1) GSK980TD 系统

为简化编程，当相同或相似的加工轨迹、控制过程需要多次使用时，就可以把该部分的程序指令编辑为独立的程序进行调用。调用该程序的程序称为主程序，被调用的程序（以 M99 结束）称为子程序。子程序和主程序一样占用系统的存储空间，子程序必须有自己独立的程序名，子程序可以被其他任意主程序调用，也可以独立运行。子程序结束后就回到主程序中继续执行。例如：

主程序	子程序
O0001	O1006
G50 X100 Z100;	G1 X50 Z50;
M3 S1000 T0101;	U100 W200;
G0 X0 Z0;	U30 W－15 F250;
G1 U200 Z200 F200;	M99;（返回至主程序）
M98 P21006;（调用 O1006 子程序 2 次）	%
G0 X100 Z100;	
M30;	
%	

① 子程序调用

指令格式：M98 POOOO（调用次数 1 至 9999，调用 1 次时可不输入。被调用的号 0000 至 9999，当调用次数未输入时，子程序号的前导零可省略，当输入调用次数时，子程序号必须为四位数）。

指令功能：在自动方式下，执行 M98 指令时，当前程序段的其他指令执行完成后，CNC 去调用执行 P 指定的子程序，子程序最多可执行 9999 次。M98 指令在 MDI 下运行无效。

② 从子程序返回

指令格式：M99 POOOO（返回主程序时将被执行的程序段号，0000 至 9999，前导零可省略）

指令功能：（子程序中）当前程序段的其他指令执行完成后，返回主程序中由 P 指定的程序段继续执行，当未输入 P 时，返回主程序中调用当前子程序的 M98 指令的后一程序段继续执行。如果 M99 用于主程序结束（即当前程序不是由其他程序调用执行），当前程序将反复执行。M99 指令在 MDI 下运行无效。

③ 调用子程序（M99 中有 P 指令字）的执行路径如图 3-9 所示。

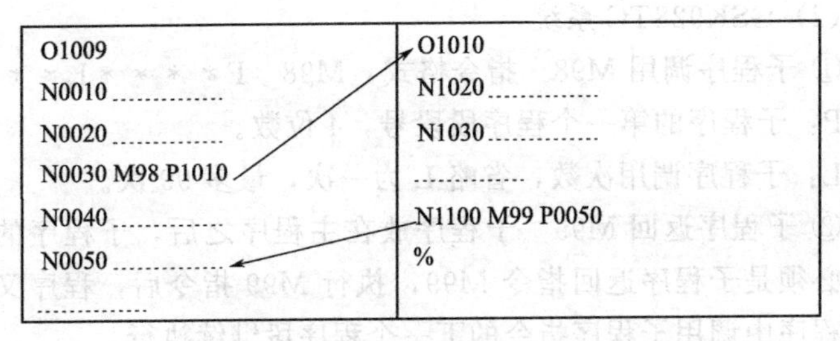

图 3-9 调用子程序（M99 中有 P 指令字）的执行路径

④ 调用子程序（M99 中无 P 指令字）的执行路径如图 3-10 所示。

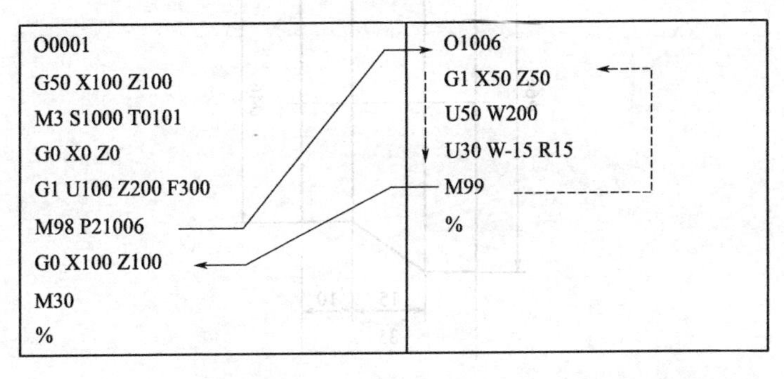

图 3-10 调用子程序（M99 中无 P 指令字）的执行路径

⑤ 可以调用四重子程序，即可以在子程序中调用其他子程序。如图 3-11 所示。

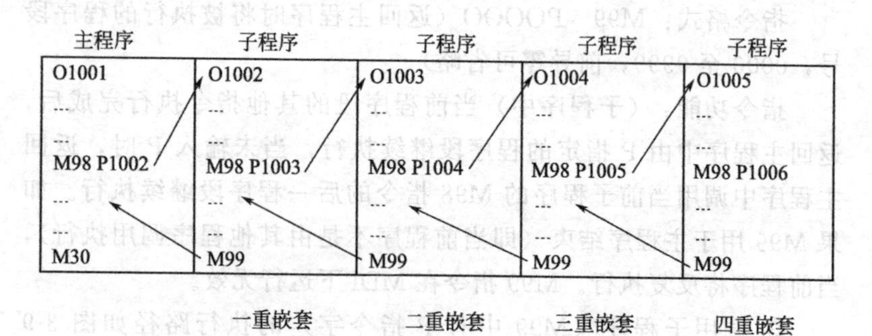

图 3-11 调用四重子程序

（2）GSK928TC 系统

① 子程序调用 M98 指令格式：M98 P＊＊＊＊L＊＊

P：子程序的第一个程序段段号，4 位数。

L：子程序调用次数，省略 L 为一次，最多 99 次。

② 子程序返回 M99 子程序放在主程序之后，子程序的最后一段必须是子程序返回指令 M99，执行 M99 指令后，程序又返回到主程序中调用子程序指令的下一个程序段继续执行。

如图 3-12 所示，应用子程序编写的加工程序如下：

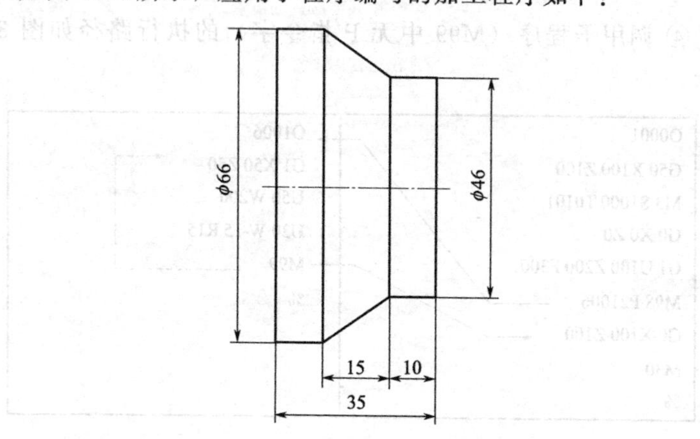

图 3-12 子程序命令示意

```
0010  G50  X100  Z100
0020  T11
0030  M3   S1
0040  G0   Z0   F100
0050       X66
0060  M98  P0100  L5
0070  G0   X100
0080       Z100
0090  M30
0100  G0   U－4
0110  G1   Z－10
0120  U20  Z－25
0130  Z－35
0140  G0   U2
0150       Z2
0160       U－22
0170  M99
```

3.2 车台阶圆

数控车床与普通车床的主要区别在于，普通车床的纵向和横向进给运动是由手摇手轮或机械传动实现的，而数控车床的纵向和横向进给运动是由电脑控制通过伺服电机的动作实现的。电脑控制伺服电机的指令是根据加工程序发出的，零件的加工程序是根据刀具的运行轨迹编制的，刀具的运行轨迹是根据刀具在工件坐标系的坐标移动规律规定的。如图 3-13 和图 3-14 所示。

3.2.1 工作步骤

（1）设置工件坐标系

车床工件坐标系（本书以前置刀架叙述）。见图 3-14，以工件右端面的中心点为坐标系的原点，工件的轴线为 Z 轴，远离工件

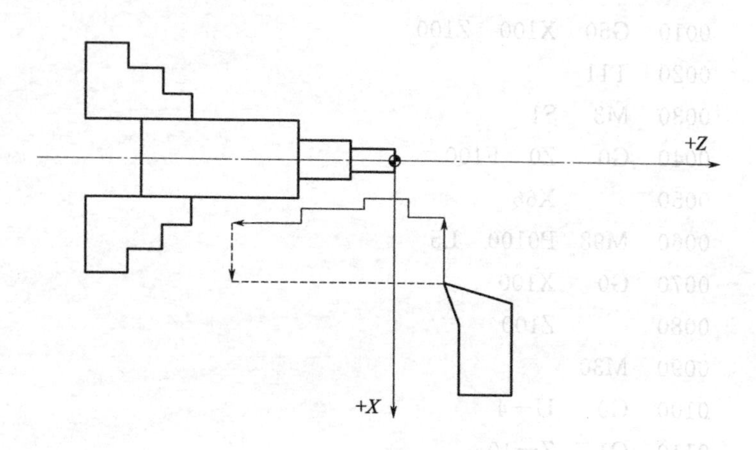

图 3-13　刀具的运行轨迹（一）

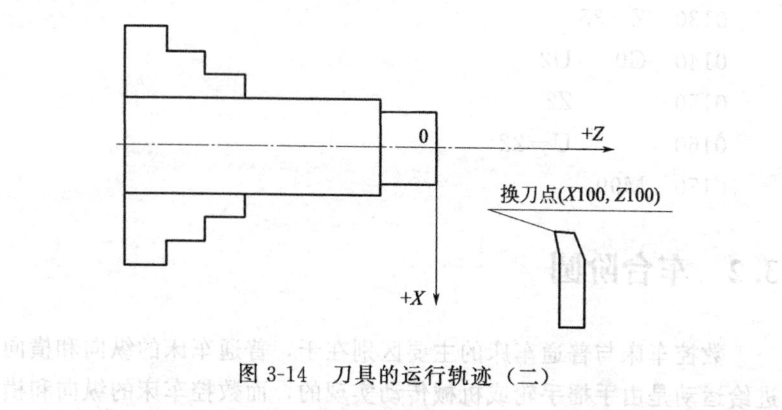

图 3-14　刀具的运行轨迹（二）

轴线为 X 的正方向，前置刀架向下为 X 的正方向（可不以工件右端面的中心点为坐标系原点，但是，坐标原点应在工件的轴线上）。

（2）设置换刀点

设置点（X100，Z100）为换刀点。换刀点的设置原则：在换刀时刀具不碰撞工件和其他东西的情况下，换刀点离工件越近越好，可减少空行程的时间。

（3）编写加工程序

本书用 GSK980TD 系统编写加工程序。

3.2.2　例题 3-1

被加工零件见图 3-15。材料：45 钢，刀具 YT5（图中左侧是零件图，右侧是刀路图，本书中下同，不再提示）。

例题介绍了零件加工的编程方法，学习好例题，对于掌握数控编程技术，突破难关至关重要，对于掌握数控车工工艺同样十分重要，请读者予以特别关注。工作步骤如下。

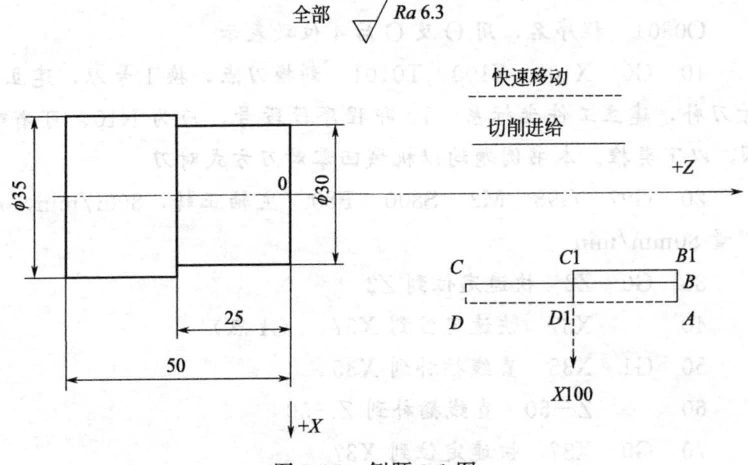

图 3-15　例题 3-1 图

（1）设定工件坐标系

工件右端面的中心点为坐标系的零点。

（2）选定换刀点

点（X100，Z100）为换刀点。

（3）编写加工程序

① 指令介绍：（本书部分指令格式不详细介绍，部分指令格式后续章节作详细介绍，有疑问的地方参照例题。）

G0：快速定位。

G1：直线插补。

G97：主轴转速，r/min。

G98：走刀量，mm/min。

M3：主轴正转。

M30：程序结束，主轴停，冷却泵停，返回程序首。

T0101：换1号刀并1号刀补。

S：主轴转速（r/min）或切削速度（m/min）。

F：进给速度（走刀量）（mm/min）或进给量（走刀量）（mm/r）。

② 编写加工程序

O0301 程序名，用O及O后4位数表示

10 G0 X100 Z100 T0101 到换刀点，换1号刀，建立1号刀补，建立工件坐标系，10即程序段段号，应为N10，可省略N，以下类推。本书例题均以机械回零对刀方式对刀

20 G97 G98 M3 S800 F80 主轴正转，800r/min，走刀量80mm/min

30 G0 Z2 快速定位到 $Z2$

40 X37 快速定位到 $X37$ （A 点）

50 G1 X35 直线插补到 $X35$

60 Z—50 直线插补到 $Z—50$

70 G0 X37 快速定位到 $X37$

80 Z2 快速定位到 $Z2$

90 G1 X30 直线插补到 $X30$

100 $Z—25$ 直线插补到 $Z—25$

110 X37 直线插补到 $X37$

120 G0 X100 快速定位到 $X100$

130 Z100 快速定位到 $Z100$

140 M30 程序结束，主轴停，冷却泵停，返回程序首

（4）要点提示

① 编程序时，第一程序段必须到换刀点，刀号及刀补必须在第一程序段。

② G97、G98必须写在刀具移动之前。

③ 为避免刀具快速移动时碰工件，最好G0速度时不要接触

工件。

④ 第 110 程序段是车台阶，只能用 G1 速度。

⑤ 程序结束前，刀要回到换刀点。刀移动路线：*A*→*B*→*C*→*D*→*A*→*B*1→*C*1→*D*1→*X*100（到换刀点）。

3.3　车锥圆

在掌握车台阶圆的基础上车锥圆是比较简单的，没有新的指令，仅有新的编程方法。

3.3.1　例题 3-2

被加工零件见图 3-16。材料：45 钢，刀具 YT5。

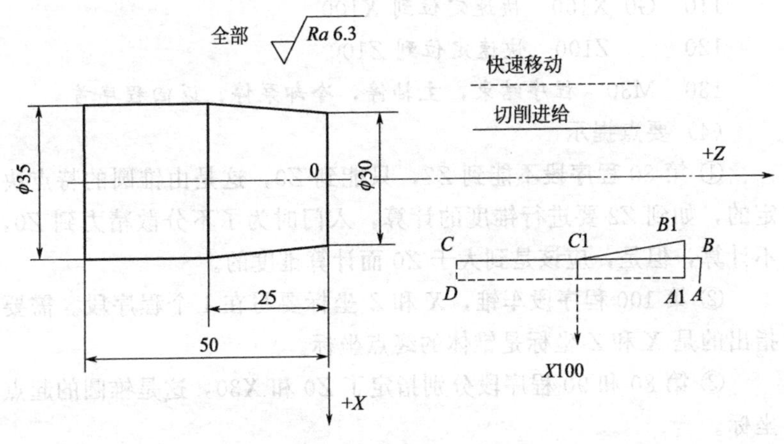

图 3-16　例题 3-2 图

(1) 设定工件坐标系

工件右端面的中心点为坐标系的零点。

(2) 选定换刀点

点（*X*100，*Z*100）为换刀点。

(3) 编写加工程序

O0302　程序名，用 O 及 O 后 4 位数表示

10　G0　X100　Z100　T0101　到换刀点，换 1 号刀，建立 1

号刀补，建立工件坐标系

20 G97 G98 M3 S800 F80 主轴正转，800r/min，走刀量 80mm/min

30 G0 Z2 快速定位到 Z2

40 X37 快速定位到 X37 （A 点）

50 G1 X35 直线插补到 X35

60 Z−50 直线插补到 Z−50

70 G0 X37 快速定位到 X37

80 Z0 快速定位到 Z0

90 G1 X30 直线插补到 X30

100 X35 Z−25 直线插补到 X35，Z−25 车锥

110 G0 X100 快速定位到 X100

120 Z100 快速定位到 Z100

130 M30 程序结束，主轴停，冷却泵停，返回程序首

（4）要点提示

① 第 80 程序段不能到 Z2，只能到 Z0，这是由锥圆的特点决定的，如到 Z2 要进行锥度的计算，入门时为了不分散精力到 Z0，不计算，但是，应该是到大于 Z0 而计算锥度的。

② 第 100 程序段车锥，X 和 Z 坐标要写在 1 个程序段。需要指出的是 X 和 Z 坐标是锥体的终点坐标。

③ 第 80 和 90 程序段分别指定了 Z0 和 X30，这是锥圆的起点坐标。

④ 车圆锥和圆弧须进行刀尖半径补偿，这在以后章节中介绍。

⑤ 刀移动路线：A→B→C→D→A1→B1→C1→X100（到换刀点）。

3.3.2 例题 3-3

被加工零件如图 3-17 所示。材料：45 钢，刀具 YT5。

（1）设定工件坐标系

工件右端面的中心点为坐标系的零点。

（2）选定换刀点

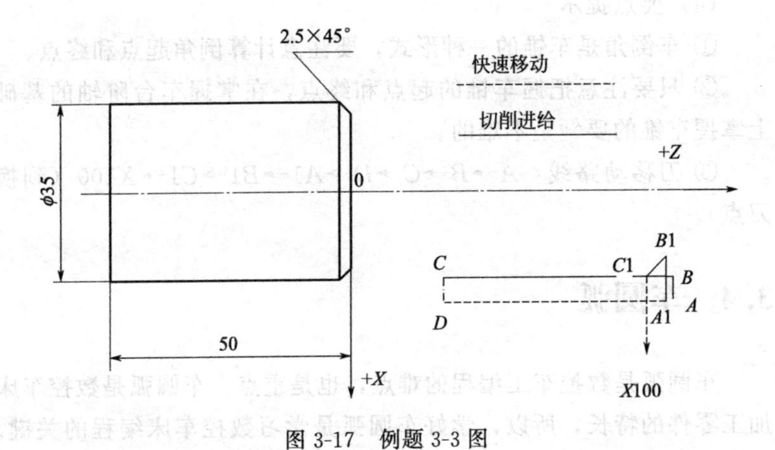

图3-17　例题3-3图

点（$X100$，$Z100$）为换刀点。

（3）编写加工程序

O0303　程序名，用O及O后4位数表示

10　G0　X100　Z100　T0101　到换刀点，换1号刀，建立1号刀补，建立工件坐标系

20　G97 G98　M3　S800　F80　主轴正转，800r/min，走刀量80mm/min

30　G0　Z2　快速定位到$Z2$

40　　X37　快速定位到$X37$　（A点）

50　G1　X35　直线插补到$X35$

60　　Z－50　直线插补到$Z-50$

70　G0　X37　快速定位到$X37$

80　　Z0　快速定位到$Z0$

90　G1　X30　直线插补到$X30$

100　X35　Z－2.5　直线插补到$X35$，$Z-2.5$车锥

110　G0 X100　快速定位到$X100$

120　　Z100　快速定位到 Z100

130　M30　程序结束，主轴停，冷却泵停，返回程序首

(4) 要点提示

① 车倒角是车锥的一种形式，要注意计算倒角起点和终点。

② 只要注意把握车锥的起点和终点，在掌握车台阶轴的基础上掌握车锥的要领是不难的。

③ 刀移动路线：A→B→C→D→A1→B1→C1→X100（到换刀点）。

3.4 车圆弧

车圆弧是数控车工编程的难点，也是重点。车圆弧是数控车床加工零件的特长，所以，学好车圆弧是学习数控车床编程的关键。下边以例题形式详细叙述。

3.4.1 例题 3-4

被加工零件如图 3-18 所示。材料：45 钢，刀具 YT5。

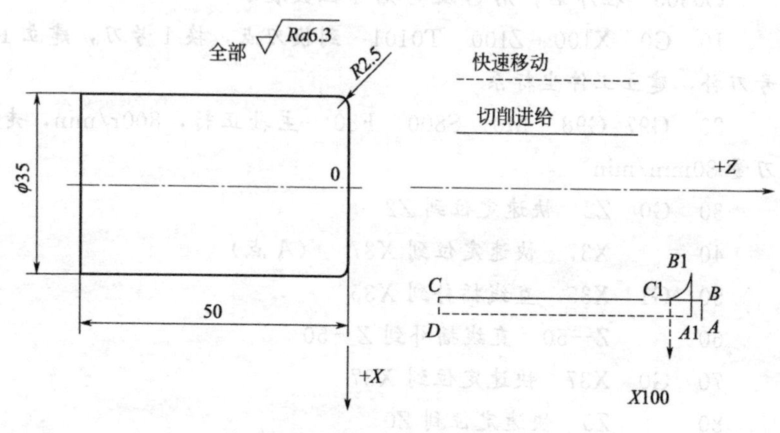

图 3-18　例题 3-4 图

(1) 设定工件坐标系

工件右端面的中心点为坐标系的零点。

(2) 选定换刀点

点（X100，Z100）为换刀点。

(3) 编写加工程序

指令介绍：G3 顺圆插补，G2 逆圆插补（顺：顺时针，逆：逆时针。）

O0304 程序名，用O及O后4位数表示。

10 G0 X100 Z100 T0101 到换刀点，换1号刀，建立1号刀补，建立工件坐标系

20 G97 G98 M3 S800 F80 主轴正转，800r/min，走刀量80mm/min

30 G0 Z2 快速定位到 Z2

40 X37 快速定位到 X37 （A 点）

50 G1 X35 直线插补到 X35

60 Z—50 直线插补到 Z—50

70 G0 X37 快速定位到 X37

80 Z0 快速定位到 Z0

90 G1 X30 直线插补到 X30

100 G3 X35 Z—2.5 R2.5 顺圆插补至 X35，Z—2.5，圆弧半径2.5

110 G0 X100 快速定位到 X100

120 Z100 快速定位到 Z100

130 M30 程序结束，主轴停，冷却泵停，返回程序首

(4) 要点提示

① 要注意圆弧的起点坐标：X30，Z0 是由80及90两个程序段到位的。

② 注意圆弧的终点坐标：X35，Z—2.5 是由100程序段到位的。

③ 注意圆弧的走刀方向为顺时针方向，用G3指令。

④ 刀移动路线：A→B→C→D→A1→B1→C1→X100（到换刀点）

3.4.2 例题 3-5

被加工零件如图 3-19 所示。材料：45 钢，刀具 YT5。

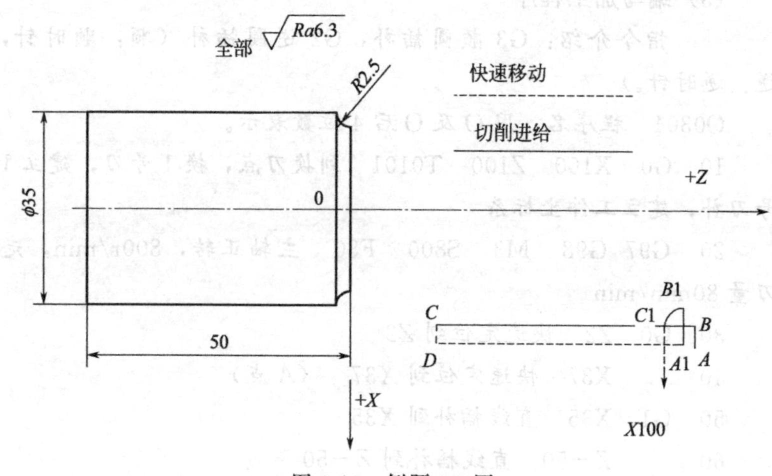

图 3-19 例题 3-5 图

(1) 设定工件坐标系

工件右端面的中心点为坐标系的零点。

(2) 选定换刀点

点（X100，Z100）为换刀点。

(3) 编写加工程序

O0305 程序名，用 O 及 O 后 4 位数表示

10 G0 X100 Z100 T0101 到换刀点，换 1 号刀，建立 1 号刀补，建立工件坐标系

20 G97 G98 M3 S800 F80 主轴正转，800r/min，走刀量 80mm/min

30 G0 Z2 快速定位到 Z2

40 X37 快速定位到 X37 （A 点）

50 G1 X35 直线插补到 X35

60 Z−50 直线插补到 Z−50

70 G0 X37 快速定位到 X37

80　　　Z0　快速定位到 Z0

90　G1　X30　直线插补到 X30

100　G2 X35　Z－2.5　R2.5　逆圆插补至 X35，Z－2.5，圆弧半径 2.5

110　G0 X100　快速定位到 X100

120　　Z100　快速定位到 Z100

130　M30　程序结束，主轴停，冷却泵停，返回程序首

（4）要点提示

① 要注意圆弧的起点坐标：X30，Z0 是由 80 及 90 两个程序段到位的。

② 注意圆弧的终点坐标：X35，Z－2.5 是由 100 程序段到位的。

③ 注意圆弧的走刀方向为逆时针方向，用 G2 指令。

④ 注意在 G3 和 G2 之后刀的直线运动必须写 G0 或 G1 指令。

⑤ 刀移动路线：A→B→C→D→A1→B1→C1→X100（到换刀点）。

3.4.3　例题 3-6

被加工零件如图 3-20 所示。材料：45 钢，刀具 YT5。

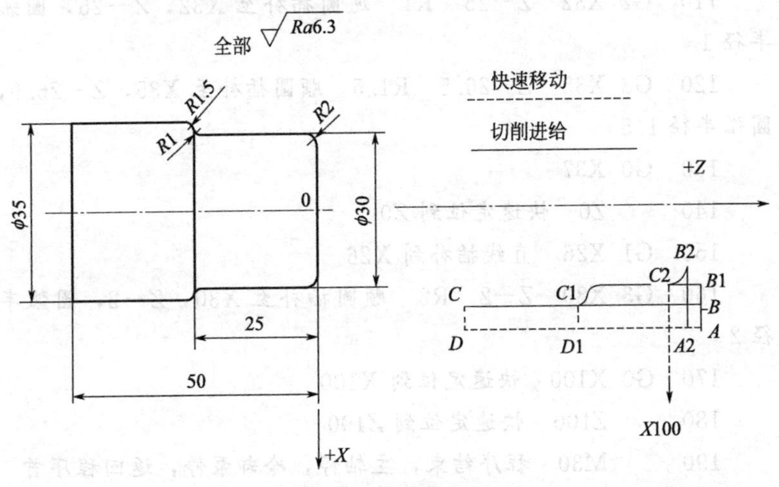

图 3-20　例题 3-6 图

(1) 设定工件坐标系

工件右端面的中心点为坐标系的零点。

(2) 选定换刀点

点（X100，Z100）为换刀点。

(3) 编写加工程序

O0306 程序名，用O及O后4位数表示

10 G0 X100 Z100 T0101 到换刀点，换1号刀，建立1号刀补，建立工件坐标系

20 G97 G98 M3 S800 F80 主轴正转，800r/min，走刀量80mm/min

30 G0 Z2 快速定位到Z2

40 X37 快速定位到X37 （A点）

50 G1 X35 直线插补到X35

60 Z—50 直线插补到Z—50

70 G0 X37 快速定位到X37

80 Z2 快速定位到Z2

90 G1 Z—24 直线插补到Z—24

110 G2 X32 Z—25 R1 逆圆插补至X32，Z—25，圆弧半径1

120 G3 X35 Z—26.5 R1.5 顺圆插补至X35，Z—26.5，圆弧半径1.5

130 G0 X37

140 Z0 快速定位到Z0

150 G1 X26 直线插补到X26

160 G3 X30 Z—2 R2 顺圆插补至X30，Z—2，圆弧半径2

170 G0 X100 快速定位到X100

180 Z100 快速定位到Z100

190 M30 程序结束，主轴停，冷却泵停，返回程序首

(4) 要点提示

① 要注意圆弧的起点坐标。

② 注意圆弧的终点坐标。

③ 注意圆弧的走刀方向。

④ 注意在 G3 和 G2 之后刀的直线运动必须写 G0 或 G1 指令。

⑤ 刀移动路线：$A \to B \to C \to D \to A \to B1 \to C1 \to D1 \to A2 \to B2 \to C2 \to X100$（到换刀点）。

3.4.4 例题 3-7

被加工零件如图 3-21 所示。材料：45 钢，刀具 YT5。

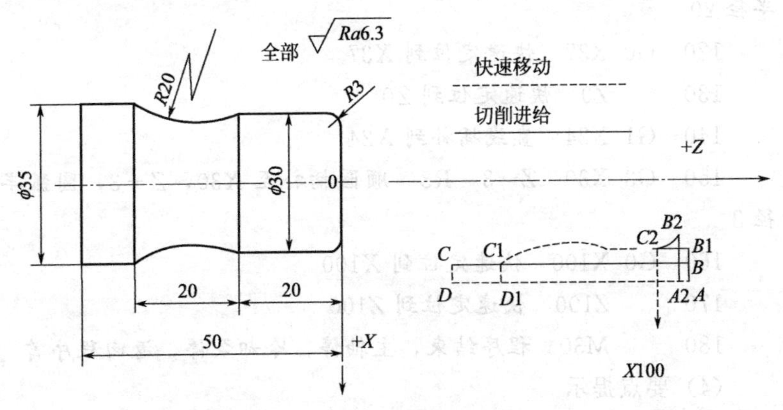

图 3-21 例题 3-7 图

(1) 设定工件坐标系

工件右端面的中心点为坐标系的零点。

(2) 选定换刀点

点（X100，Z100）为换刀点。

(3) 编写加工程序

O0307 程序名，用 O 及 O 后 4 位数表示

10 G0 X100 Z100 T0101 到换刀点，换 1 号刀，建立 1 号刀补，建立工件坐标系

20 G97 G98 M3 S800 F80 主轴正转，800r/min，走刀量 80mm/min

30 G0 Z2 快速定位到 Z2

40　　X37　快速定位到 X37　（A 点）

50　G1　X35　直线插补到 X35

60　　Z−50　直线插补到 Z−50

70　G0　X37　快速定位到 X37

80　　Z2　快速定位到 Z2

90　G1　X30　直线插补到 X30

100　　Z−20　直线插补到 Z−20

110　G2　X35　Z−40　R20　逆圆插补至 X35，Z−40，圆弧半径 20

120　G0　X37　快速定位到 X37

130　　Z0　快速定位到 Z0

140　G1　X24　直线插补到 X24

150　G3　X30　Z−3　R3　顺圆插补至 X30，Z−3，圆弧半径 3

160　G0　X100　快速定位到 X100

170　　Z100　快速定位到 Z100

180　　M30　程序结束，主轴停，冷却泵停，返回程序首

(4) 要点提示

① 要注意圆弧的起点坐标。

② 注意圆弧的终点坐标。

③ 注意圆弧的走刀方向。

④ 注意在 G3 和 G2 之后的直线运动必须写 G0 或 G1 指令。

⑤ 注意大圆弧的编程格式。刀移动路线：A→B→C→D→A→B1→C1→D1→A2→B2→C2→X100（到换刀点）。

3.4.5 例题 3-8

被加工零件如图 3-22 所示。材料：45 钢，刀具 YT5。

(1) 设定工件坐标系

工件右端面的中心点为坐标系的零点。

(2) 选定换刀点

点（X100，Z100）为换刀点。

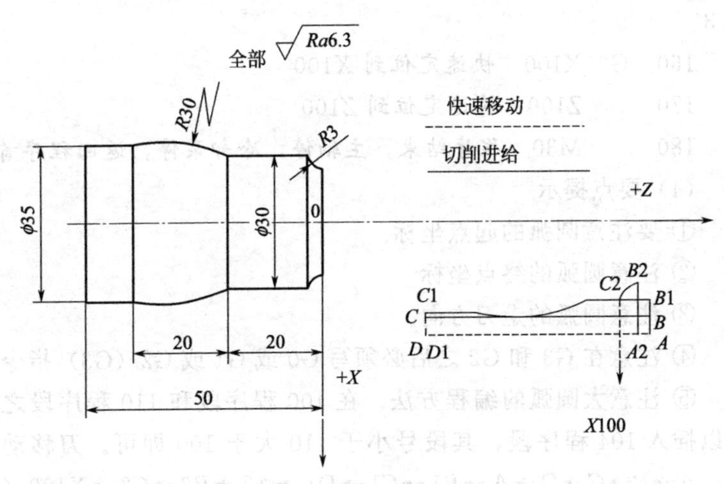

图 3-22　例题 3-8 图

（3）编写加工程序

O0308　程序名，用 O 及 O 后 4 位数表示

10　G0　X100　Z100　T0101　到换刀点，换 1 号刀，建立 1 号刀补，建立工件坐标系

20　G97　G98　M3　S800　F80　主轴正转，800r/min，走刀量 80mm/min

30　G0　Z2　快速定位到 Z2

40　　　X37　快速定位到 X37

90　G1　X30　直线插补到 X30

100　　Z—20　直线插补到 Z—20

110　G3 X35　Z—40　R30　顺圆插补至 X35，Z—40，圆弧半径 30

114　G1 Z—50　直线插补到 Z—50

120　G0 X37　快速定位到 X37

130　　Z0　快速定位到 Z0

140　G1 X24　直线插补到 X24

150　G2 X30　Z-3　R3　逆圆插补至 X30，Z—3，圆弧半

径 3

160 G0 X100 快速定位到 X100

170 Z100 快速定位到 Z100

180 M30 程序结束，主轴停，冷却泵停，返回程序首

（4）要点提示

① 要注意圆弧的起点坐标。

② 注意圆弧的终点坐标。

③ 注意圆弧的走刀方向。

④ 注意在 G3 和 G2 之后必须写 G0 或 G1 或 G2（G3）指令。

⑤ 注意大圆弧的编程方法。在 100 程序段和 110 程序段之间可以插入 104 程序段，其段号小于 110 大于 100 即可。刀移动路线：A→B→C→D→A→B1→C1→D1→A2→B2→C2→X100（到换刀点）。

3.5 车螺纹

车螺纹是数控车工最常见的工作，本节只介绍最简单的指令。

3.5.1 等螺距螺纹切削指令：G32

（1）指令格式

G32 X(U)_ Z(W)_ F(I)_ J_ K_ Q_

指令功能：刀具的运动轨迹是从起点到终点的一条直线，从起点到终点位移量（X 轴按半径值）较大的坐标轴称为长轴，另一坐标轴称为短轴。运动过程中主轴每转一圈长轴移动一个导程，刀具切削工件时，在工件表面形成一条等螺距的螺距螺旋切槽，实现等螺距螺纹的加工。F、I 指令字分别用于给定公制、英制螺纹的螺距，执行 G32 指令可以加工公制或英制等螺距的直螺纹、锥螺纹和端面螺纹的加工。

（2）指令说明

G32 为模态 G 指令；

螺纹的螺距是指主轴转一圈长轴的位移量（X 轴位移量则按

半径值)；

起点和终点的 X 坐标相同（不输入 X 或 U 时），进行直螺纹切削；

起点和终点的 Z 坐标相同（不输入 Z 或 W 时），进行端面螺纹切削；

起点和终点的 X、Z 坐标都不相同时，进行锥螺纹切削。

F：公制螺纹螺距，为主轴转一圈长轴的移动量，取值范围 0.01～500mm，F 指令值执行后保持有效，直至再次执行给定螺纹螺距的 F 指令字。

I：每英寸螺纹的牙数，为长轴方向 1 英寸（25.4mm）长度上螺纹的牙数，也可理解为长轴移动 1 英寸（25.4mm）时主轴旋转的圈数。取值范围 0.06～25400 牙/英寸，I 指令值执行后保持有效，直至再次执行给定螺纹螺距的 I 指令字。

J：螺纹退尾时在短轴方向的移动量（退尾量），取值范围 −9999.999～9999.999（单位：mm），带正负方向，如果短轴是 X 轴，该值为半径指定，J 值是模态参数。

K：螺纹退尾时在长轴方向的移动量（退尾量），取值范围 0～9999.999（单位：mm），如果长轴是 X 轴，该值为半径指定，不带方向，K 值是模态参数。

Q：起始角，指主轴一转信号与螺纹切削起点的偏移角度，取值范围 0～360000（单位：0.001°）。Q 值是非模态参数，每次使用都必须指定，如果不指定则认为是 0°。

(3) Q 使用规则

① 如果不指定 Q，则默认为起始角 0°。

② 对于连续螺纹切削，除第一段的 Q 有效外，后面螺纹切削指定的 Q 无效，即使定义了 Q 也被忽略。

③ 由起始角定义的分度形成的多头螺纹总头数不超过 65535 头。

④ Q 的单位为 0.001°，若与主轴一转信号偏移 180°，程序中需输入 Q180000。

(4) 注意事项

① J、K是模态指令，连续螺纹切削下一程序段省略J、K时，按前面的J、K值进行退尾，在执行非螺纹切削指令时取消J、K模态。

② 省略J或J、K时，无退尾。省略K时，按K=J退尾。

③ J=0或J=0、K=0时，无退尾。

④ J≠0，K=0时，按J=K退尾。

⑤ J=0，K≠0时，无退尾。

⑥ 当前程序段为螺纹切削，下一程序段也为螺纹切削，在下一程序段开始时不检测主轴位置编码器的一转信号，直接开始螺纹加工，此功能可实现连续螺纹加工。

⑦ 执行进给保持操作后，系统显示“暂停”，螺纹切削不停止，直到当前程序段执行完才停止运动，如果连续螺纹加工则执行完螺纹切削程序段才停止运动，程序运行暂停。

⑧ 在单段运行，执行完当前程序段停止运动，如果连续螺纹加工则执行完螺纹切削程序段才停止运动。

⑨ 系统复位、急停或驱动报警时，螺纹切削减速停止。

3.5.2 计算

计算公制外螺纹外径：螺纹外径=公称直径−0.13P　(P为螺距)

计算公制外螺纹根径：螺纹外径=公称直径−1.3P　(P为螺距)

公制普通螺纹走刀次数和背吃刀量(mm)见表3-11。

表3-11　公制螺纹走刀次数和背吃刀量　mm

次数＼螺距	1mm	1.5mm	2mm	2.5mm	3mm	3.5mm	4mm
1	0.6	0.7	0.8	1.1	1.3	1.6	1.6
2	0.4	0.6	0.6	0.7	0.7	0.7	0.8
3	0.3	0.4	0.6	0.6	0.6	0.6	0.6
4		0.26	0.4	0.4	0.4	0.6	0.6

续表

螺距 次数	1mm	1.5mm	2mm	2.5mm	3mm	3.5mm	4mm
5			0.2	0.4	0.4	0.4	0.4
6				0.05	0.4	0.4	0.4
7					0.1	0.2	0.4
8						0.05	0.3
9							0.1

3.5.3　例题 3-9

被加工零件如图 3-23 所示。材料：45 钢，刀具 YT5。

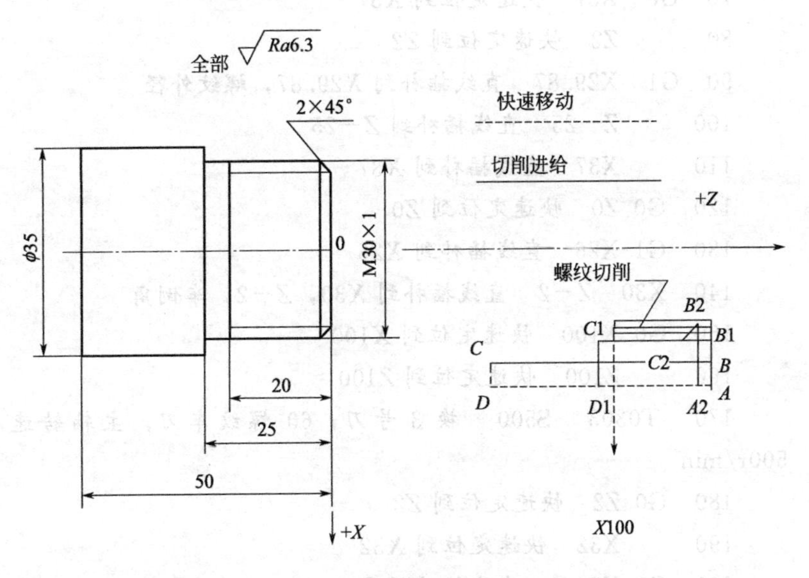

图 3-23　例题 3-9 图

(1) 设定工件坐标系

工件右端面的中心点为坐标系的零点。

(2) 选定换刀点

点（X100，Z100）为换刀点。

（3）编写加工程序

O0309 程序名，用O及O后4位数表示

10 G0 X100 Z100 T0101 到换刀点，换1号刀，建立1号刀补，建立工件坐标系

20 G97 G98 M3 S800 F80 主轴正转，800r/min，走刀量80mm/min

30 G0 Z2 快速定位到Z2

40 X37 快速定位到X37 （A点）

50 G1 X35 直线插补到X35

60 Z—50 直线插补到Z—50

70 G0 X37 快速定位到X37

80 Z2 快速定位到Z2

90 G1 X29.87 直线插补到X29.87，螺纹外径

100 Z—25 直线插补到Z—25

110 X37 直线插补到X37

120 G0 Z0 快速定位到Z0

130 G1 X26 直线插补到X26

140 X30 Z—2 直线插补到X30，Z—2，车倒角

150 G0 X100 快速定位到X100

160 Z100 快速定位到Z100

170 T0303 S500 换3号刀，60°螺纹车刀，主轴转速500r/min

180 G0 Z2 快速定位到Z2

190 X32 快速定位到X32

200 G1 X29.3 直线插补到X29.3

210 G32 X29.3 Z—20 F1 车螺纹，螺纹终点坐标X29.3，Z—20，螺距1

220 G0 X32 快速定位到X32

230 Z2 快速定位到Z2

240 G1 X28.9 直线插补到X28.9

250　G32　X28.9　Z－20　F1　车螺纹，螺纹终点坐标 X28.9，Z—20，螺距 1

260　G0 X32　快速定位到 X32

270　　Z2　快速定位到 Z2

280　G1 X28.7　直线插补到 X28.7

290　G32 X28.7　Z－20　F1　车螺纹，螺纹终点坐标 X28.7，Z—20，螺距 1

300　G0 X100　快速定位到 X100

310　　Z100　快速定位到 Z100

320　M30　程序结束，主轴停，冷却泵停，返回程序首

（4）要点提示

① 计算得螺纹外径 29.87，螺纹内径 28.7。

② 注意螺纹的 Z 向起点，当螺距小于 2 时，Z 向起点距螺纹端面不小于 2；当螺纹的螺距大于 2 时，Z 向起点距螺纹端面应等于螺距，这是因为螺纹刀在起步时速度从零到达到切削速度要有一段距离。

③ 注意螺纹的终点，本例题无退刀槽，无退尾要求，可按图纸标注的尺寸作为螺纹终点坐标；当有退尾时按图纸退尾要求编程；当有退刀槽时，一般地说是螺纹终点取退刀槽宽度的二分之一位置。理由同②的说明。

④ 注意 A 点，X 向一般位于大于螺纹外径 2 的地方。

⑤ 刀移动路线：A→B→C→D→A→B1→C1→D1→A2→B2→C2→（到换刀点）→螺纹切削→X100（到换刀点）。

3.6　精车及粗车分步

以上四节介绍了台阶圆、锥圆、圆弧、螺纹的粗车编程，本节介绍精车，没有新的指令，但精车的走刀路线与粗车不同。安排精车的目的是为了保证工件的加工尺寸精度、表面粗糙度、形状和位置公差。一般零件的加工都安排精加工工序。

3.6.1 例题 3-10

被加工零件如图 3-24 所示。材料：45 钢，粗车刀具 YT5，精车 YT15。

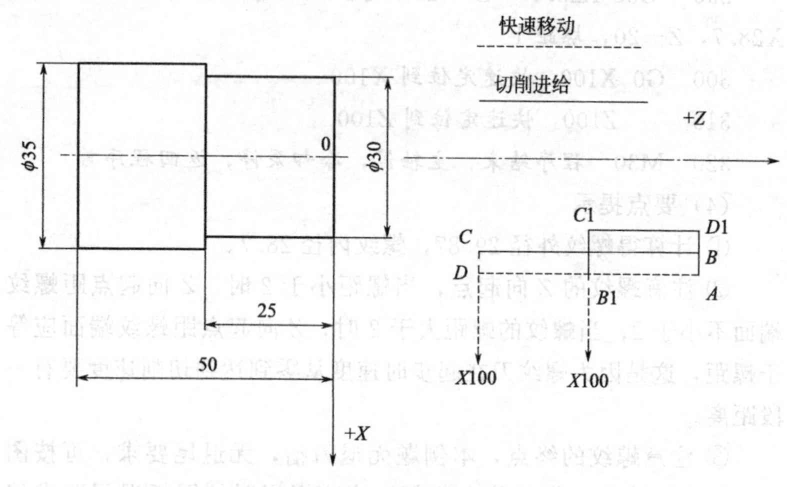

图 3-24 例题 3-10 图

(1) 设定工件坐标系

工件右端面的中心点为坐标系的零点。

(2) 选定换刀点

点（X100，Z100）为换刀点。

(3) 编写加工程序

O0310 程序名，用 O 及 O 后 4 位数表示

10 G0 X100 Z100 T0101 到换刀点，换 1 号刀，建立 1 号刀补，建立工件坐标系

20 G97 G98 M3 S800 F80 主轴正转，800r/min，走刀量 80mm/min

30 G0 Z2 快速定位到 Z2

40 X37 快速定位到 X37 （A 点）

50 G1 X35.4 直线插补到 X35.4

60 Z－50 直线插补到 Z－50

70 G0 X37 快速定位到 X37

80 Z2 快速定位到 Z2

90 G1 X30.4 直线插补到 X30.4

100 Z－24.8 直线插补到 Z－24.8

110 X37 直线插补到 X37

120 G0 X100 快速定位到 X100

130 Z100 快速定位到 Z100

140 T0404 S1000 F70 换4号刀，主轴1000r/min，走刀量70mm/min

150 G0 Z2 快速定位到 Z2

160 X32 快速定位到 X32

170 G1 X30 精车，直线插补到 X30

180 Z－25 直线插补到 Z－25

190 X35 直线插补到 X35

200 Z－50 直线插补到 Z－50

300 G0 X100 快速定位到 X100

310 Z100 快速定位到 Z100

320 M30 程序结束，主轴停，冷却泵停，返回程序首

(4) 要点提示

① 精车的背吃刀量本例 Z 向留0.2，X 向留0.4，精车余量应留多少，影响因素很多，基本原则是：在保证精车时都能车着的条件下，精车余量尽可能留的少一些，这是因为在精车时余量少，有利于提高零件精度，有利于提高效率，减少精车刀具的磨损，一般来说，单向留0.2左右精车余量较好。

② 注意精车路线。一般来说，精车应尽可能连续走刀，一次车成，这样有利于保证各被加工面的相互位置精度。

③ 注意精车时的切削速度比粗车要快一些。一般来说取粗车的1.4倍左右较好，精车时的走刀量比粗车要小一些，选择原则

是：在能保证精车后的精度和表面粗糙度的情况下，尽可能的快一些，这样有利于提高工作效率，本例 T0404 是 4 号刀，4 号刀补。

④ 注意精车用刀。当零件精度要求较高或者粗车余量较大，批量较大等情况下，尽可能精车单独用一把刀，这样有利于提高零件质量，有利于提高工作效率，有利于降低消耗。

⑤ 刀移动路线：$A \to B \to C \to D \to A \to B1 \to C1 \to D1 \to X100$（到换刀点）$\to A \to B1 \to C \to X100$（到换刀点）。

⑥ 精车路线可改为 $C \to C1 \to B1$，这时要用 90°左偏刀。好处是 X 向进刀方向与丝杠的推力方向一致，可减少 X 向误差，提高加工精度。

3.6.2 例题 3-11

被加工零件如图 3-25 所示。材料：45 钢，粗车刀具 YT5，精车 YT15。

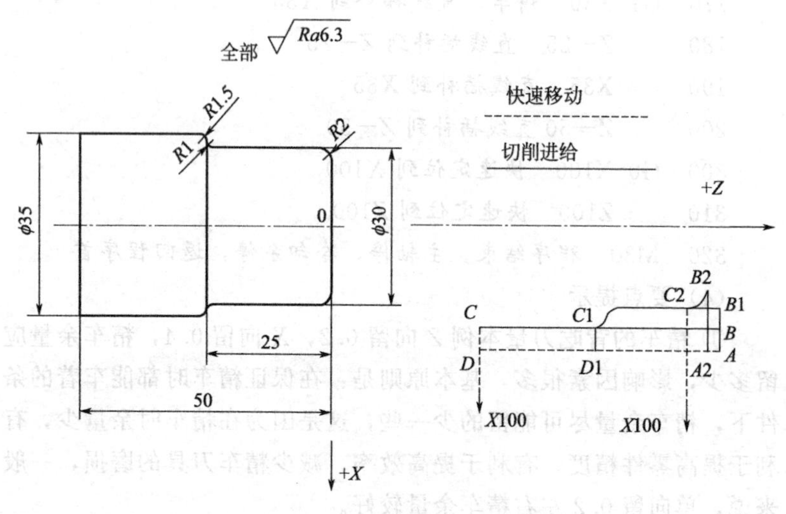

图 3-25 例题 3-11 图

(1) 设定工件坐标系

工件右端面的中心点为坐标系的零点。

(2) 选定换刀点

点（X100，Z100）为换刀点。

（3）编写加工程序

O0311　程序名，用O及O后4位数表示

10　G0　X100　Z100　T0101　到换刀点，换1号刀，建立1号刀补，建立工件坐标系

20　G97　G98　M3　S800　F80　主轴正转，800r/min，走刀量80mm/min

30　G0　Z2　快速定位到Z2

40　　X37　快速定位到X37　（A点）

50　G1　X35.4　直线插补到X35.4

60　　Z—50　直线插补到Z—50

70　G0　X37　快速定位到X37

80　　Z2　快速定位到Z2

90　G1　X32.4　直线插补到X32.4

100　　Z—24.8　直线插补到Z—24.8

120　G3　X35.4　Z—26.3　R1.5　顺圆插补至X35.4，Z—26.3，圆弧半径1.5

121　G0　X37　快速定位到X37

122　　Z0.2　快速定位到Z0.2

150　G1　X27.4　直线插补到X27.4

160　G3　X30.4　Z—1.8　R2　顺圆插补至X30.4，Z—1.8，圆弧半径2

170　G0　X32　快速定位到X32

180　　Z0.2　快速定位到Z0.2

190　G1　X26.4　直线插补到X26.4

200　G3　X30.4　Z—1.8　R2　顺圆插补至X30.4，Z—1.8，圆弧半径2

201　G1　Z—23.8

202　G2　X32.4　Z—24.8　R1

210　G0　X100　快速定位到X100

220 Z100 快速定位到 Z100

230 T0404 S1000 F70 换4号刀，主轴1000r/min，走刀量70mm/min

240 G0 Z0 快速定位到 Z0

250 X32 快速定位到 X32

260 G1 X26 精车，直线插补到 X26

270 G3 X30 Z—2 R2 顺圆插补至 X30，Z—2，圆弧半径2

280 G1 Z—24 直线插补到 Z—24

290 G2 X32 Z—25 R1 逆圆插补至 X32，Z—25，圆弧半径1

300 G3 X35 Z—26.5 R1.5 顺圆插补至 X35，Z—26.5，圆弧半径1.5

310 G1 Z—50 直线插补到 Z—50

320 G0 X100 快速定位到 X100

330 Z100 快速定位到 Z100

340 M30 程序结束，主轴停，冷却泵停，返回程序首

(4) 要点提示

① 此例是粗车在背吃刀量小于3的情况下，粗车分步及精车的编程，外圆粗车分步按常规即可。

② 圆弧的粗车分步见图3-26和150～200程序段，分步时，圆弧的终点不变（也可改变），圆弧的起点按背吃刀量的限制进行分步即可，圆弧的半径不变。

③ 圆锥（倒角）的分步也根据背吃刀量的限制而分步，但圆锥的起点和终点最好都变，方法参见图3-25，这样刀的行程最短，效率最高。当单件生产时，为了减少编程计算时间，圆锥的终点可以不变。圆锥分步粗车不再举例。

④ 注意精车步骤，见230～330程序段。

⑤ 刀移动路线：A→B→C→D→A→B1→C1→D1→A2→B2→C2→X100（到换刀点）→A2→B2→C2→C1→X100（到换

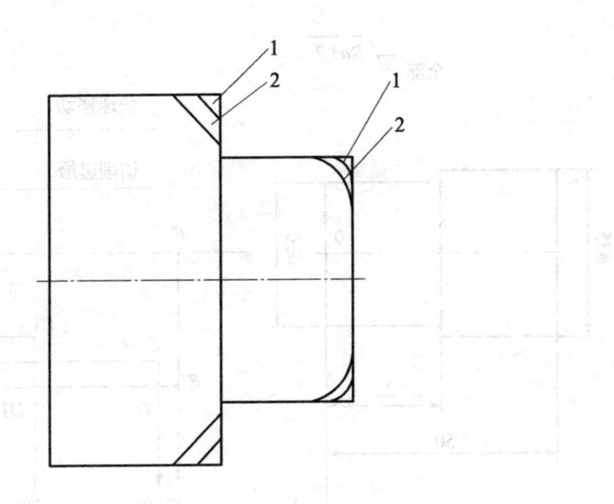

图 3-26　圆弧的粗车分步

刀点）。

⑥ 精车路线可改为 $C \rightarrow C1 \rightarrow C2 \rightarrow B2$，这时要用 90°左偏刀。优点是 X 向进刀方向与丝杠的推力方向一致，可减少 X 向误差，提高加工精度。

3.7　切断（切槽）

切断的编程比较简单，难点在于切削用量的选择，这在工艺部分进行介绍，本节仅讲编程方法。

3.7.1　例题 3-12

被加工零件如图 3-27 所示。材料：45 钢，粗车切断刀具 YT5，精车 YT15。

（1）设定工件坐标系

工件右端面的中心点为坐标系的零点。

（2）选定换刀点

点（X100，Z100）为换刀点。

（3）编写加工程序

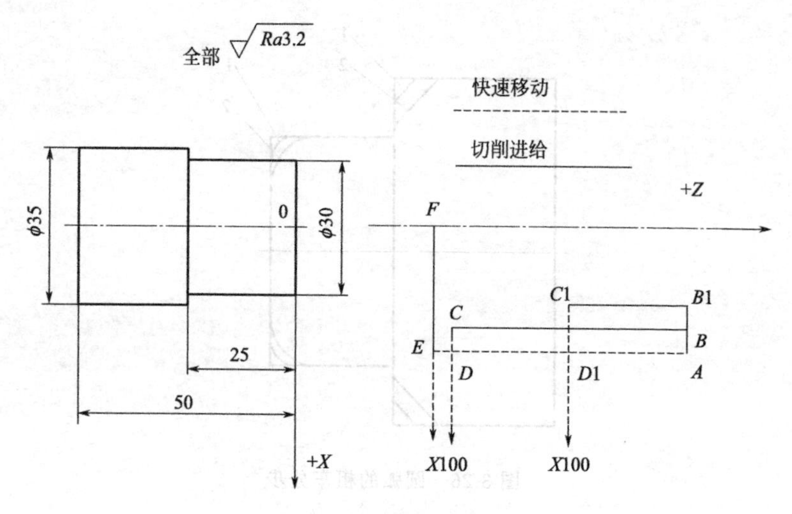

图 3-27 例题 3-12 图

O0312 程序名，用 O 及 O 后 4 位数表示

10 G0 X100 Z100 T0101 到换刀点，换 1 号刀，建立 1 号刀补，建立工件坐标系

20 G97 G98 M3 S800 F80 主轴正转，800r/min，走刀量 80mm/min

30 G0 Z2 快速定位到 Z2

40 X37 快速定位到 X37 （A 点）

50 G1 X35.4 直线插补到 X35.4

60 Z－54 直线插补到 Z－54

70 G0 X37 快速定位到 X37

80 Z2 快速定位到 Z2

90 G1 X30.4 直线插补到 X30

100 Z－24.8 直线插补到 Z－24.8

110 X37 直线插补到 X37

120 G0 X100 快速定位到 X100

130 Z100 快速定位到 Z100

140 T0404 S1000 F70 换4号刀，主轴1000r/min，走刀量70mm/min

150 G0 Z2 快速定位到Z2

160 X32 快速定位到X32

170 G1 X30 精车，直线插补到X30

180 Z－25 直线插补到Z－25

190 X35 直线插补到X35

200 Z－50 直线插补到Z－50

300 G0 X100 快速定位到X100

310 Z100 快速定位到Z100

320 T0202 S500 F70 换2号刀，主轴500r/min，走刀量70mm/min

330 G0 Z－54 快速定位到Z－54

340 X37 快速定位到X37

350 G1 X0 直线插补到X0

360 G0 X100 快速定位到X100

370 Z100 快速定位到Z100

380 M30 程序结束，主轴停，冷却泵停，返回程序首

3.7.2 切断要点提示

① 注意粗车时（第60程序段）要车至Z－54，切断刀刀宽4，在总长50上加4。

② 注意主轴的转速要低，走刀量要慢。

③ 注意第350程序段，本例X0，当工件尺寸较大、较重等情况，X取值要大于0。

④ 刀移动路线：A→B→C→D→A→B1→C1→D1→X100（到换刀点）→A→B1→C1→C→X100（到换刀点）→E→F→X100（到换刀点）。

⑤ 精车路线可改为C→C1→B1，这时要用90°左偏刀。优点是X向进刀方向与丝杠的推力方向一致，可减少X向误差，提高加工精度。

3.8 组合车削

3.8.1 圆弧、锥圆、台阶圆组合

例题 3-13 被加工零件如图 3-28 所示。材料：45 钢，粗车及切断刀具 YT5，精车刀具 YT15。

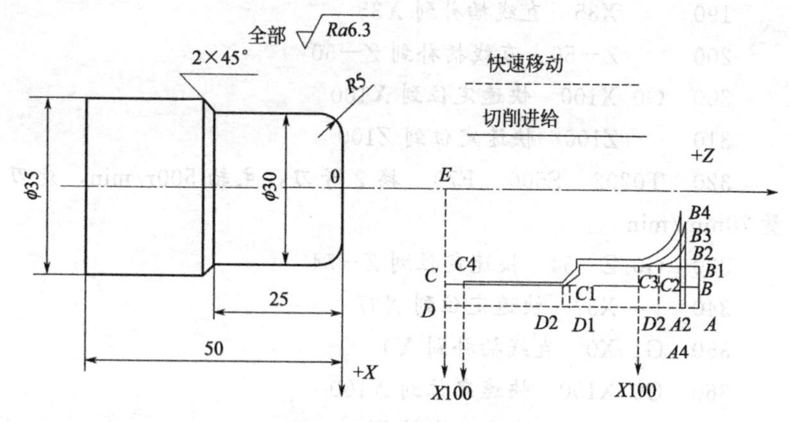

图 3-28 例题 3-13 图

(1) 设定工件坐标系

工件右端面的中心点为坐标系的零点。

(2) 选定换刀点

点（$X100$，$Z100$）为换刀点。

(3) 写工序卡

见表 3-12。

表 3-12 工序卡（一）

工步号	工步内容	刀具号	刀具规格	切削速度 /m·min⁻¹	进给量 /mm·r⁻¹	背吃刀量 /mm	备注
10	粗车外圆 φ35.4，长 54	0101	90°右偏刀	80	0.3	2	
20	粗车外圆 φ30.4，长 24.8，2×45°倒角	0101	90°右偏刀	80	0.3	5	

续表

工步号	工步内容	刀具号	刀具规格	切削速度 /m·min^{-1}	进给量 /mm·r^{-1}	背吃刀量 /mm	备注
30	粗车 $R5$ 圆弧第一刀	0101	90°右偏刀	80	0.3	5	
40	粗车 $R5$ 圆弧第二刀	0101	90°右偏刀	80	0.3	5	
50	精车	0404	90°右偏刀	120	0.1	0.4	
60	切断	0202	宽4	50	0.1	4	
70	检验						

(4) 编写加工程序

O0313 程序名，用O及O后4位数表示

10 G0 X100 Z100 T0101 到换刀点，换1号刀，建立1号刀补，建立工件坐标系

20 G99 G96 M3 S80 F0.3 主轴正转，恒线速切削80m/min，每转切削进给0.3

25 G50 S2000 主轴最高速度值限制：2000r/min

30 G0 Z2 快速定位到 $Z2$

40 X37 快速定位到 $X37$

50 G1 X35.4 直线插补到 $X35.4$

60 Z—54 直线插补到 $Z-54$

70 G0 X37 快速定位到 $X37$

80 Z2 快速定位到 $Z2$

90 G1 X30.4 直线插补到 $X30.4$

100 Z—24.8 直线插补到 $Z-24.8$

101 X31.4 直线插补到 $X31.4$

102 X35.4 Z—26.8 直线插补到 $X35.4$，$Z-26.8$

103 G0 X37 快速定位到 $X37$

104 Z0.2 快速定位到 $Z0.2$

105 G1 X25.4 直线插补到 $X25.4$

106 G3 X30.4 Z—2.3 R5 顺圆插补至 $X30.4$，$Z-$

2.3，圆弧半径5

107 G0 X32 快速定位到 $X32$

108 Z0.2 快速定位到 $Z0.2$

109 G1 X20.4 直线插补到 $X20.4$

110 G3 X30.4 $Z-4.8$ R5 顺圆插补至 $X30.4$，$Z-4.8$，圆弧半径5

120 G0 X100 快速定位到 $X100$

130 Z100 快速定位到 $Z100$

140 T0404 S120 F0.1 换4号刀，恒线速切削120r/min，每转切削进给0.1

150 G0 Z0 快速定位到 $Z0$

160 X32 快速定位到 $X32$

170 G1 X20 精车，直线插补到 $X20$

171 G3 X30 Z−5 R5 顺圆插补至 $X30$，$Z-5$，圆弧半径5

180 G1 $Z-25$ 直线插补到 $Z-25$

181 X31 直线插补到 $X31$

182 X35 Z−27 直线插补到 $X35$，$Z-27$

200 Z−50 直线插补到 $Z-50$

300 G0 X100 快速定位到 $X100$

310 Z100 快速定位到 $Z100$

320 T0202 S50 F0.1 换2号刀，恒线速切削50m/min，每转切削进给0.1

330 G0 Z−54 快速定位到 $Z-54$

340 X37 快速定位到 $X37$

350 G1 X0 直线插补到 $X0$

360 G0 X100 快速定位到 $X100$

370 Z100 快速定位到 $Z100$

380 M30 程序结束，主轴停，冷却泵停，返回程序首

(5) 要点提示

① 背吃刀量按小于 6 编程。

② 走刀路线的确定原则是：以走刀路线最短，效率最高为最佳。

③ 刀移动路线：*A*→*B*→*C*→*D*→*A*→*B*1→*C*1→*D*1→*A*2→*B*2→*C*2→*D*2→*A*2→*B*3→*C*3→*X*100（到换刀点）→*A*4→*B*4→*C*4→*X*100（到换刀点）→*D*→*E*→*X*100（到换刀点）。

④ 精车路线可改为 *C*4→*B*4，这时要用 90°左偏刀。优点是 *X* 向进刀方向与丝杠的推力方向一致，可减少 *X* 向误差，提高加工精度。

3.8.2　螺纹、锥圆、台阶圆组合

例题 3-14　被加工零件如图 3-29 所示。材料：45 钢，粗车及切断刀具 YT5，精车刀具 YT15。

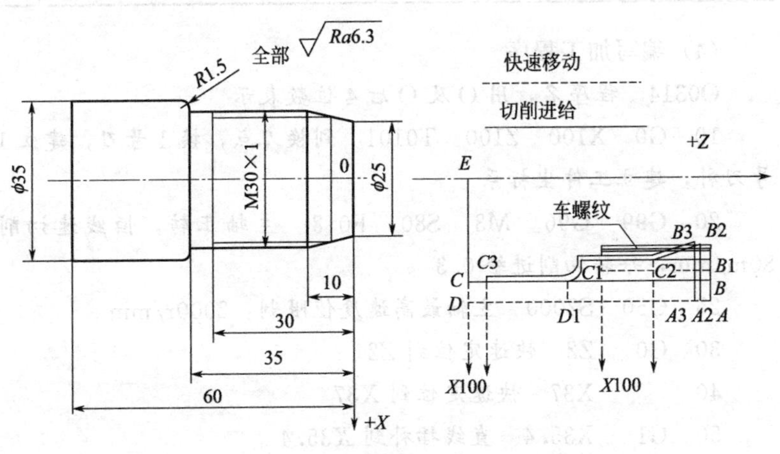

图 3-29　例题 3-14 图

（1）设定工件坐标系

工件右端面的中心点为坐标系的零点。

（2）选定换刀点

点（*X*100，*Z*100）为换刀点。

（3）写工序卡

见表 3-13。

表 3-13 工序卡（二）

工步号	工步内容	刀具号	刀具规格	切削速度 /m·min^{-1}	进给量 /mm·r^{-1}	背吃刀量 /mm	备注
10	粗车外圆 ϕ35.4，长 64	0101	90°右偏刀	80	0.3	2	
20	粗车外圆 ϕ30.4，长 34.8 和 R1.5 倒角	0101	90°右偏刀	80	0.3	5	
30	粗车圆锥	0101	90°右偏刀	80	0.3	5	
40	精车	0404	90°右偏刀	120	0.1	0.4	
50	车螺纹	0303	60°螺纹刀	500r/min			
60	切断	0202	宽 4	50	0.1	4	
70	检验						

(4) 编写加工程序

O0314　程序名，用 O 及 O 后 4 位数表示

10　G0　X100　Z100　T0101　到换刀点，换 1 号刀，建立 1 号刀补，建立工件坐标系

20　G99　G96　M3　S80　F0.3　主轴正转，恒线速切削 80m/min，每转切削进给 0.3

25　G50　S2000　主轴最高速度值限制：2000r/min

30　G0　Z2　快速定位到 Z2

40　　X37　快速定位到 X37

50　G1　X35.4　直线插补到 X35.4

60　　Z−64　直线插补到 Z−64

70　G0　X37　快速定位到 X37

80　　Z2　快速定位到 Z2

90　G1　X30.4　直线插补到 X30.4

100　　Z−34.8　直线插补到 Z−34.8

101　　X32.4　直线插补到 X32.4

102　G3　X35.4　Z−36.3　R1.5　顺圆插补至 X35.4，Z−

36.3，$R1.5$

103 G0 X37 快速定位到 $X37$

104 Z0.2 快速定位到 $Z0.2$

105 G1 X25.4 直线插补到 $X25.4$

106 X30.4 Z—9.8 直线插补至 $X30.4$，$Z-9.8$

120 G0 X100 快速定位到 $X100$

130 Z100 快速定位到 $Z100$

140 T0404 S120 F0.1 换4号刀

150 G0 Z0 快速定位到 $Z0$

160 X32 快速定位到 $X32$

170 G1 X25 精车，直线插补到 $X25$

171 X30 Z—10 直线插补到 $X30$，$Z-10$

180 Z—35 直线插补到 $Z-35$

181 X32 直线插补到 $X32$

182 G3 X35 Z－36.5 R1.5 顺圆插补至 $X35$，$Z-36.5$，圆弧半径1.5

183 G1 Z—60 直线插补 $Z-60$

184 G0 X100 快速定位到 $X100$

185 Z100 快速定位到 $Z100$

186 T0303 G97 S500 换3号刀，60°螺纹车刀

187 G0 Z2 快速定位到 $Z2$

190 X32 快速定位到 $X32$

200 G1 X29.3 直线插补到 $X29.3$

210 G32 X29.3 Z－30 F1 车螺纹，螺纹终点坐标 $X29.3$，$Z-30$，螺距1

220 G0 X32 快速定位到 $X32$

230 Z2 快速定位到 $Z2$

240 G1 X28.9 直线插补到 $X28.9$

250 G32 X28.9 Z－30 F1 车螺纹，螺纹终点坐标 $X28.9$，$Z-30$，螺距1

260 G0 X32 快速定位到 X32

270 Z2 快速定位到 Z2

280 G1 X28.7 直线插补到 X28.7

290 G32 X28.7 Z—30 F1 车螺纹，螺纹终点坐标 X28.7，Z—30，螺距1

360 G0 X100 快速定位到 X100

370 Z100 快速定位到 Z100

380 T0202 G96 S50 F0.1 换2号刀

400 G0 Z—64 快速定位到 Z—64

390 X37 快速定位到 X37

410 G1 X0 直线插补到 X0

420 G0 X100 快速定位到 X100

430 Z100 快速定位到 Z100

440 M30 程序结束，主轴停，冷却泵停，返回程序首

(5) 要点提示

① 加工路线是：先粗车外圆，锥圆，而后精车，最后车螺纹。

② 刀移动路线：A→B→C→D→A→B1→C1→D1→A2→B2→C2→X100（到换刀点）→A→B3→C3→X100（到换刀点）→车螺纹→X100（到换刀点）→D→E→X100（到换刀点）。

③ 精车路线可改为 C3→B3，这时要用 90°左偏刀。优点是 X 向进刀方向与丝杠的推力方向一致，可减少 X 向误差，提高加工精度。

3.8.3 圆球、圆锥组合

车圆球、圆锥是数控车床加工的特长，可达到较好的效果。

例题 3-15 被加工零件如图 3-30 所示。材料：ZL102，粗车及切断刀具 YT5，精车刀具 YT15。

(1) 设定工件坐标系

工件右端面的中心点为坐标系的零点。

(2) 选定换刀点

点（X100，Z100）为换刀点。

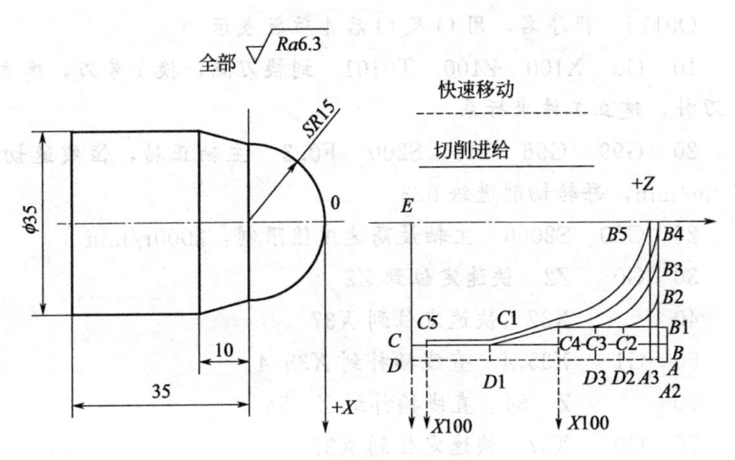

图 3-30 例题 3-15 图

（3）写工序卡

见表 3-14。

表 3-14 工序卡（三）

工步号	工步内容	刀具号	刀具规格	切削速度 /m·min^{-1}	进给量 /mm·r^{-1}	背吃刀量 /mm	备注
10	粗车外圆φ35.4，长54	0101	90°右偏刀	200	0.3	2	
20	粗车外圆φ30.4，长14.8，粗车圆锥	0101	90°右偏刀	200	0.3	5	
30	粗车圆弧，第一刀	0101	90°右偏刀	200	0.3	10	
40	粗车圆弧，第二刀	0101	90°右偏刀	200	0.3	10	
50	粗车圆弧，第三刀	0101	90°右偏刀	200	0.3	10	
60	精车	0404	90°右偏刀	260	0.1	0.4	
70	切断	0202	宽4	100	0.1	4	
80	检验						

（4）编写加工程序

O0115 程序名，用O及O后4位数表示

10 G0 X100 Z100 T0101 到换刀点，换1号刀，建立1号刀补，建立工件坐标系

20 G99 G96 M3 S200 F0.3 主轴正转，恒线速切削200m/min，每转切削进给0.3

25 G50 S2000 主轴最高速度值限制：2000r/min

30 G0 Z2 快速定位到Z2

40 X37 快速定位到X37

50 G1 X35.4 直线插补到X35.4

60 Z－54 直线插补到Z－54

70 G0 X37 快速定位到X37

80 Z2 快速定位到Z2

90 G1 X30.4 直线插补到X30.4

100 Z－14.8 直线插补到Z－14.8

101 X35.4 Z－24.8 直线插补至X35.4，Z－24.8

103 G0 X37 快速定位到X37

104 Z0.2 快速定位到Z0.2

105 G1 X20.4 直线插补到X20.4

106 G3 X30.4 Z－9.8 R15 顺圆插补至X30.4，Z－9.8，圆弧半径15

107 G0 X32 快速定位到X32

108 Z0.2 快速定位到Z0.2

109 G1 X10.4 直线插补到X10.4

110 G3 X30.4 Z－9.8 R15 顺圆插补至X30.4，Z－9.8，圆弧半径15

111 G0 X32 快速定位到X32

112 Z0.2 快速定位到Z0.2

113 G1 X0.4 直线插补到X0.4

114 G3 X30.4 Z－14.8 R15 顺圆插补至X30.4，Z－14.8，圆弧半径15

120　G0　X100　快速定位到 X100
130　　　Z100　快速定位到 Z100
140　T0404　S260　F0.1　换4号刀
150　G0　Z0　快速定位到 Z0
160　　　X32　快速定位到 X32
170　G1　X0　精车，直线插补到 X0
172　G3　X30　Z－15　R15　顺圆插补至 X30，Z－15，圆弧半径15
176　G1　X35　Z－25　直线插补到 X35，Z－25
180　G1　Z－50　直线插补 Z－50
183　G0　X100　快速定位到 X100
184　　　Z100　快速定位到 Z100
320　T0202　S50　F0.1　换2号刀
330　G0　X37　快速定位到 X37
340　　　Z－54　快速定位到 Z－54
350　G1　X0　直线插补到 X0
360　G0　X100　快速定位到 X100
370　　　Z100　快速定位到 Z100
380　M30　程序结束，主轴停，冷却泵停，返回程序首

（5）要点提示

① 本例车铸铝背吃刀量小于11，请关注车半球时的分步粗车步骤，见程序和图3-30。

② 刀移动路线：A→B→C→D→A→B1→C1→D1→A2→B2→C2→D2→A2→B3→C3→D3→A2→B4→C4→X100（到换刀点）→A3→B5→C5→X100（到换刀点）→D→E→X100（到换刀点）。

③ 精车路线可改为C5→B5，这时要用90°左偏刀。优点是X向进刀方向与丝杠的推力方向一致，可减少X向误差，提高加工精度。

3.9　A类宏程序简介

用户把实现某种功能的一组指令像子程序一样预先存入存储器

中，用一个指令代表其存储功能，在程序中只要指定该指令即能实现该功能。把这一组指令称为用户宏程序。把代表指令称为用户宏程序调用指令，称为宏指令。用户可以自己扩展数控系统的功能。

数控系统为用户配备方便的类似于高级语言的宏程序功能，用户可以使用变量进行算术运算、逻辑运算和函数的混合运算，根据循环语言、分支语言和子程序调用语言等，编制各种复杂的零件加工程序，减少了手工编程时进行的数值计算及精简程序等工作。

3.9.1 宏程序编程的适用范围

① 适合抛物线、椭圆、双曲线等没有插补指令的数控车床的曲线手工编程。

② 适合图形一样，只是尺寸不同的系列零件的编程。

③ 适合工艺路径一样，只是位置参数不同的系列零件的编程。

④ 有利于零件的简化编程。

3.9.2 宏变量

（1）变量的使用方法

变量可以指令程序中的地址值。变量值可以由程序指令赋值或直接用键盘设定，一个程序中可使用多个变量，这些变量用变量号来区别。

① 变量的表示　用“#”＋变量号来表示。

格式：#*i*（*i*=200，202，203，…）

示例：#205，#209，#225

② 变量的引用

a. 用变量置换地址后数值。

格式：地址＋“#*i*”或地址＋“－#*i*”，表示把变量的值或变量的值的负值作为地址值。

示例：F#203——当#203=15时，与F15指令功能相同；

Z－#210——当#210=250时，与Z－250指令功能相同；

G#230——当#230=3时，与G3指令功能相同。

b. 用变量置换变量号。

格式：“#”＋“9”＋置换变量号。

示例：#200=205，#205=500时，X#9200和X500指令功能相同；X－#9200和X－500指令功能相同。

注：地址O和N不能引用变量。不能用O#200，N#220进行编程；

如超过地址规定的最大指令值，则不能使用；例：#230=120时，M#230超过了最大值。

(2) 变量的种类

根据变量号的不同，变量分为公用变量和系统变量，它们的用途和性质都不同。

① 公用变量　公用变量有#200至#231、#500至#515，公用变量在程序中是公用的，即在程序1中定义的变量和运算结果同样适用于程序2、程序3。所有变量的值掉电保持。

② 系统变量　系统变量的用途在系统中是固定的，系统变量接口输入信号有#1000至#1015，接口输出信号有#1100至#1105。

系统变量接口输入/输出信号与其他功能接口信号共用同一接口，通过参数设定那一信号接口有效，只有在相对应接口信号的功能无效时，系统变量接口输入信号才有效。

系统读取到接口输入信号#1000至1015的值后（#1005至#1015对应各点的值为0/1），便知道接口输入信号的状态，进行判断跳转等各种处理。

3.9.3　运算命令和转移命令G65

一般指令格式：

G65　H$\underline{m}$　P#$\underline{i}$　Q#$\underline{j}$　R#$\underline{k}$；

m：表示运算命令或转移命令功能。

#i：存入运算结果的变量名。

#j：进行运算的变量名1，也可以是常数。

#k：进行运算的变量名2，也可以是常数。

指令意义：#i=#jO#k，式中O是运算符号，由Hm决定。

例：P#200　Q#201　R#202——#200=#201　O　#202

P200　Q＃201　R15——＃200＝＃201　O　15

P200　Q－100　R＃——＃200＝－100　O　＃202

注：变量值不含小数点的，单位为0.001mm，例：＃100＝30，则X＃100＝X0.03mm；变量直接用常数表示时不带“＃”。

宏指令表见表3-15。

表3-15　宏指令表

指令格式	功　能	定　义
G65 H01 P＃i Q＃j；	赋值	＃i＝＃j；把变量j的值赋给变量i
G65 H02 P＃i Q＃j R＃K；	十进制加法运算	＃i＝＃j＋＃K
G65 H03 P＃i Q＃j R＃K；	十进制减法运算	＃i＝＃j－＃K
G65 H04 P＃i Q＃j R＃K；	十进制乘法运算	＃i＝＃j×＃K
G65 H05 P＃i Q＃j R＃K；	十进制除法运算	＃i＝＃j÷＃K
G65 H11 P＃i Q＃j R＃K；	二进制加法(或运算)	＃i＝＃jOR＃K
G65 H12 P＃i Q＃j R＃K；	二进制乘法(与运算)	＃i＝＃jAND＃K
G65 H13 P＃i Q＃j R＃K；	二进制异或	＃i＝＃jXOR＃K
G65 H21 P＃i Q＃j；	十进制开平方	＃i＝$\sqrt{\#j}$
G65 H22 P＃i Q＃j；	十进制取绝对值	＃i＝|＃j|
G65 H23 P＃i Q＃j R＃K；	十进制取余数	＃i＝(＃j÷＃K)的余数
G65 H24 P＃i Q＃j；	十进制变为二进制	＃i＝BIN(＃j)
G65 H25 P＃i Q＃j；	二进制变为十进制	＃i＝DEC(＃j)
G65 H26 P＃i Q＃j R＃K；	十进制乘除运算	＃i＝＃i×＃j÷＃K
G65 H27 P＃i Q＃j R＃K；	复合平方根	＃i＝$\sqrt{\#j^2+\#K^2}$
G65 H31 P＃i Q＃j R＃K；	正弦	＃i＝＃j×sin(＃K)
G65 H32 P＃i Q＃j R＃K；	余弦	＃i＝＃j×cos(＃K)
G65 H33 P＃i Q＃j R＃K；	正切	＃i＝＃j×tan(＃K)
G65 H34 P＃i Q＃j R＃K；	反正切	＃i＝ATAN(＃j/＃K)
G65 H80 Pn；	无条件转移	跳转至程序段n
G65 H81 Pn Q＃j R＃K；	条件转移	如果＃j＝＃K，则跳转至程序段n，否则顺序执行
G65 H82 Pn Q＃j R＃K；	条件转移	如果＃j≠＃K，则跳转至程序段n，否则顺序执行

续表

指令格式	功　能	定　义
G65 H83 P*n* Q#*j* R#*K*;	条件转移	如果#*j*>#*K*,则跳转至程序段*n*,否则顺序执行
G65 H84 P*n* Q#*j* R#*K*;	条件转移	如果#*j*<#*K*,则跳转至程序段*n*,否则顺序执行
G65 H85 P*n* Q#*j* R#*K*;	条件转移	如果#*j*≥#*K*,则跳转至程序段*n*,否则顺序执行
G65 H86 P*n* Q#*j* R#*K*;	条件转移	如果#*j*≤#*K*,则跳转至程序段*n*,否则顺序执行
G65 H99 P*n*;	产生用户报警	产生(500+*n*)号用户报警

(1) 运算命令

① 变量的赋值：#*I*=#*J*

G65　H01　P#201　Q1005　(#201=1005)

G65　H01　P#201　Q#210　(#201=210)

G65　H01　P#201　Q－#202　(#201=－#202)

② 十进制加法运算：#*I*=#*J*+#*K*

G65　H02　P#*I*　Q#*J*　R#*K*

例：G65　H02　P#201　Q#202　R15　(#201=#202+15)

③ 十进制减法运算：#*I*=#*J*－#*K*

G65　H03　P#*I*　Q#*J*　R#*K*

例：G65　H03　P#201　Q#202　R#203　(#201=#202－#203)

④ 十进制乘法运算：#*I*=#*J*×#*K*

G65　H04　P#*I*　Q#*J*　R#*K*

例：G65　H04　P#201　Q#202　R#203　(#201=#202×#203)

⑤ 十进制除法运算：#*I*=#*J*÷#*K*

G65　H05　P#*I*　Q#*J*　R#*K*

例：G65　H05　P#201　Q#202　R#203　(#201=

＃202÷＃203）

⑥ 二进制逻辑加（或）：＃I＝＃J　OR　＃K

G65　H11　P＃*I*　Q＃*J*　R＃*K*

例：G65　H11　P＃201　Q＃202　R＃203　　　　（＃201＝＃202　OR　＃203）

⑦ 二进制逻辑乘（与）：＃*I*＝＃*J* AND ＃*K*

G65　H112　P＃*I*　Q＃*J*　R＃*K*

例：G65　H12　P＃201　Q＃202　R＃203　　　　（＃201＝＃202　AND　＃203）

⑧ 二进制逻辑异或：＃*I*＝＃*J*XOR＃*K*

G65　H13　P＃*I*　Q＃*J*　R＃K

例：G65　H13　P＃201　Q＃202　R＃203　　　　（＃201＝＃202　XOR　＃203）

⑨ 十进制开平方：＃*I*＝$\sqrt{\#J}$

G65　H21　P＃*I*　Q＃*J*

例：G65　H21　P＃201　Q＃202　　　　（＃201＝$\sqrt{\#202}$）

⑩ 十进制取绝对值：＃*I*＝|＃*J*|

G65　H22　P＃*I*　Q＃*J*

例：G65　H22　P＃201　Q＃202　　　　（＃201＝|＃202|）

⑪ 十进制取余数：＃*I*＝＃*J*－TRUNC（＃J/＃K），TRUNC：舍去小数部分

G65　H21　P＃*I*　Q＃*J*　R＃K

例：G65　H23　P＃201　Q＃202　R＃203[＃201＝＃202－TRUNC(＃202/＃203)×＃203)]

⑫ 十进制转换为二进制：＃*I*＝BIN（＃*J*）

G65　H24　P＃*I*　Q＃*J*

例：G65　H21　P＃201　Q＃202　　　　[＃201＝BIN（＃202)]

⑬ 二进制转换为十进制：＃*I*＝BCD（＃*J*）

⑭ 十进制取乘除运算：＃*I*＝(＃*I*×＃*J*)÷＃*K*

G65　H26　P＃*I*　Q＃*J*　R＃*K*

例：G65 H26 P＃201 Q＃202 R＃203 ［＃201＝（＃201×＃202）÷＃203）］

⑮ 复合平方根：＃I＝$\sqrt{\#J^2+\#K^2}$

G65 H27 P＃*I* Q＃*J* R＃*K*

例：G65 H27 P＃201 Q＃202 R＃203 （＃201＝$\sqrt{\#202^2+\#203^2}$）

⑯ 正弦：＃I＝＃J · SIN（＃K）（单位：‰度）

G65 H31 P＃*I* Q＃*J* R＃*K*

例：G65 H31 P＃201 Q＃202 R＃203 ［＃201＝＃202 · sin（＃203）］

⑰ 余弦：＃I＝＃J · cos（＃K）（单位：‰度）

G65 H32 P＃*I* Q＃*J* R＃*K*

例：G65 H32 P＃201 Q＃202 R＃203 ［＃201＝＃202 · cos（＃203）］

⑱ 正切：＃I＝＃J · TAN（＃K）（单位：‰度）

G65 H33 P＃*I* Q＃*J* R＃*K*

例：G65 H33 P＃201 Q＃202 R＃203 ［＃201＝＃202 · TAN（＃203）］

⑲ 余切：＃I＝＃J · ATAN（＃K）（单位：‰度）

G65 H34 P＃*I* Q＃*J* R＃*K*

例：G65 H34 P＃201 Q＃202 R＃203 ［＃201＝＃202 · ATAN （＃203）］

注：用度指定（P）至（S）的单位，单位是 1‰度；

在各运算中，变量值只取整数，运算结果出现小数点时舍掉，变量值单位为 μm。

（2）转移命令

① 无条件转移

G65 H80 P*n* *n*：顺序号

例：G65 H80 P120 （转到 N120 程序段）

② 条件转移 1，＃J. EQ. ＃K（＝）

G65　H81　P*n*　Q#*J*　R#*K*　*n*：顺序号

例：G65　H81　P1000　Q#201　R#202

当#201＝#202时，转到N1000程序段，当#201≠#202时，顺序执行。

③ 条件转移2，#*J*.NE.#*K*（≠）

G65　H82　P*n*　Q#*J*　R#*K*　*n*：顺序号

例：G65　H81　P1000　Q#201　R#202

当#201≠#202时，转到N1000程序段，当#201＝#202时，顺序执行。

④ 条件转移3，#*J*.GT.#*K*（＞）

G65　H83　P*n*　Q#*J*　R#*K*　*n*：顺序号

例：G65　H83　P1000　Q#201　R#202

当#201＞#202时，转到N1000程序段，当#201≤#202时，顺序执行。

⑤ 条件转移4，#*J*.LT.#*K*（＜＝）

G65　H84　P*n*　Q#*J*　R#*K*　*n*：顺序号

例：G65　H84　P1000　Q#201　R#202

当#201＜#202时，转到N1000程序段，当#201≥#202时，顺序执行。

⑥ 条件转移5，#*J*.GE.#*K*（≥）

G65　H85　P*n*　Q#*J*　R#*K*　*n*：顺序号

例：G65　H85　P1000　Q#201　R#202

当#201≥#202时，转到N1000程序段，当#201＜#202时，顺序执行。

⑦ 条件转移6，#*J*.LE.#*K*（≤）

G65　H86　P*n*　Q#*J*　R#*K*　*n*：顺序号

例：G65　H86　P1000　Q#201　R#202

当#201≤#202时，转到N1000程序段，当#201#＞202时，顺序执行。

⑧ 发生P/S报警

G65　H99　Pi　i：报警号＋500

例：G65　H99　P15　　发生 P/S 报警 515

注：可以用变量指定顺序号，如：G65　H81　P200　Q＃201　R＃202；当条件满足时，程序移到＃200 指定的顺序号的程序段。

说明：GSK980TD 系统的 A 类宏程序并未包含以上所有全部命令。

3.9.4　宏指令编程示例

（1）示例 1

利用公用变量加工椭圆。被加工零件如图 3-31 所示。材料：45 钢，精车刀具 YT15（本例只精车）。

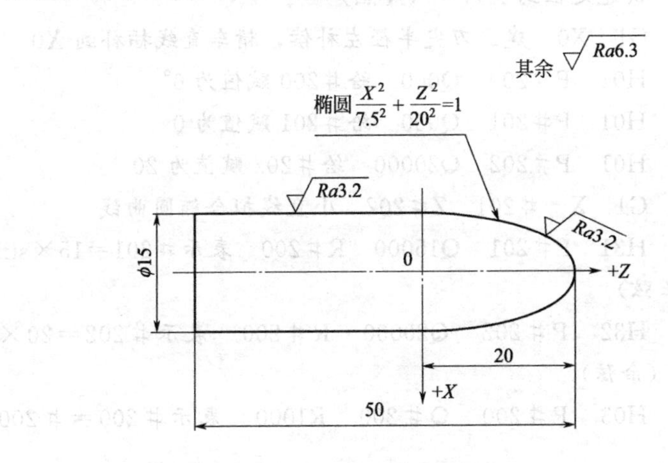

图 3-31　示例 1 图

① 设定工件坐标系：工件椭圆和圆柱的交点中心点为坐标系的零点。

② 根据椭圆方程，X 轴和 Z 轴的坐标可表达为：

$$X=\text{短半轴}\ 7.5\times\sin\beta$$

$$Z=\text{长半轴}\ 20\times\cos\beta$$

③ 以角度为变量，其变化范围是 0°～－90°，步长是 1°，用小直线逼近，步长越小，精度和表面粗糙度越好。

④ A 类（GSK980TD 使用的是 A 类）宏程序中，角度单位：

0.001°，尺寸单位0.001mm。

⑤ 编写加工程序

O0317 程序名，用O及O后4位数表示

G0 X100 Z100 T0101 到换刀点，换1号刀，建立1号刀补，建立工件坐标系（程序段号可省写）

G99 G96 M3 S120 F0.1 主轴正转，恒线速切削120m/min，每转切削进给0.1

G50 S2000 主轴最高速度值限制：2000r/min

G0 Z20 快速定位到Z20

X17 快速定位到X17 （A点）

G42 G1 X0 建立刀尖半径左补偿，精车直线插补到X0

G65 H01 P#200 Q000 给#200赋值为0°

G65 H01 P#201 Q000 给#201赋值为0

G65 H01 P#202 Q20000 给#202赋值为20

N20 G1 X-#201 Z#202 小直线拟合椭圆曲线

G65 H31 P#201 Q15000 R#200 表示#201=15×sin#200（正弦）

G65 H32 P#202 Q20000 R#200 表示#202=20×cos#200（余弦）

G65 H03 P#200 Q#200 R1000 表示#200=#200−1

G65 H85 P20 Q#200 R−90000 表示当#200≥−90°时，转移到N20程序段，否则，执行下一程序段

G1 Z−30

G40 G0 X20 取消刀尖半径左补偿

G0 X100 快速定位到X100

Z100 快速定位到Z100

M30 程序结束，主轴停，冷却泵停，返回程序首

（2）示例2

利用公用变量加工椭圆。被加工零件如图3-32所示。材料：45

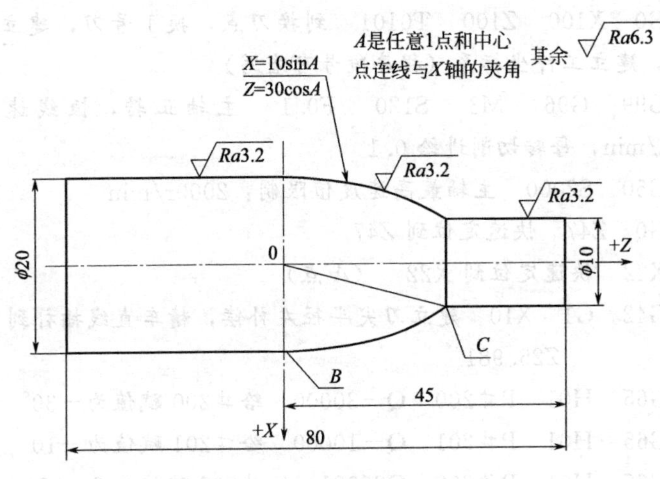

图 3-32　示例 2 图

钢，精车刀具 YT15。椭圆短半轴 10，长半轴 30（本例只精车）。

① 设定工件坐标系：工件椭圆和 D20 圆柱的交点中心点为坐标系的零点。

② 根据椭圆方程，X 轴和 Z 轴的坐标可表达为：

$$X=\text{短半轴 }10\times\sin A$$
$$Z=\text{长半轴 }30\times\cos A$$

③ 以角度为变量，其变化范围是 $-90^\circ\sim-30^\circ$，步长是 1°，用小直线逼近，步长越小，精度和表面粗糙度越好。

④ A 类（GSK980TD 使用的是 A 类）宏程序中，角度单位：0.001°，尺寸单位 0.001mm。

⑤ 计算

根据 $X=$短半轴 $10\times\sin A$，计算 C 点角 A：$5=10\times\sin A$

$$\sin A=5/10=0.5$$
$$\text{C 点角 } A=30^\circ$$

根据 $Z=$长半轴 $30\times\cos A$，计算 C 点 $Z=30\times\cos30^\circ=25.981$

⑥ 编写加工程序

O0318　程序名，用 O 及 O 后 4 位数表示

G0 X100 Z100 T0101 到换刀点，换1号刀，建立1号刀补，建立工件坐标系（程序段号可省写）

G99 G96 M3 S120 F0.1 主轴正转，恒线速切削120m/min，每转切削进给0.1

G50 S2000 主轴最高速度值限制：2000r/min

G0 Z47 快速定位到Z47

X22 快速定位到X22 （A点）

G42 G1 X10 建立刀尖半径左补偿，精车直线插补到X10 Z25.981

G65 H01 P#200 Q-30000 给#200赋值为-30°

G65 H01 P#201 Q-10000 给#201赋值为-10

G65 H01 P#202 Q25981 给#202赋值为25.981

N20 G1 X-#201 Z#202 小直线拟合椭圆曲线

G65 H31 P#201 Q20000 R#200 表示#201=20×sin#200（正弦）

G65 H32 P#202 Q30000 R#200 表示#202=30×cos#200（余弦）

G65 H03 P#200 Q#200 R1000 表示#200=#200-1

G65 H85 P20 Q#200 R-90000 表示当#200≥-90°时，转移到N20程序段，否则，执行下一程序段

G1 Z-35

G40 G0 X25 刀尖半径左补偿取消

G0 X100 快速定位到X100

Z100 快速定位到Z100

M30 程序结束，主轴停，冷却泵停，返回程序首

（3）示例3

利用公用变量加工椭圆。被加工零件如图3-33所示。材料：45钢，精车刀具YT15。（本例只精车）椭圆短半轴5，长半轴10。

① 设定工件坐标系：工件椭圆中心点连线与工件轴线交点为

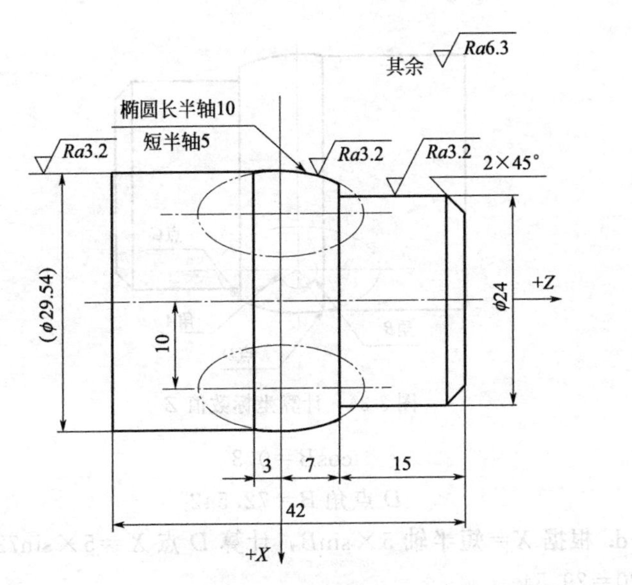

图 3-33　示例 3 图

坐标系的零点。

② 根据椭圆方程，X 轴和 Z 轴的坐标可表达为：

X=短半轴 5×sin$A$

Z=长半轴 10×cos$A$

③ 以角度为自变量，其变化范围是－107.458°～－45.573°，步长是 1°，用小直线逼近，步长越小，精度和表面粗糙度越好。

④ A 类（GSK980TD 使用的是 A 类）宏程序中，角度单位：0.001°，尺寸单位 0.001mm。

⑤ 计算：如图 3-34 所示。

a. 根据 Z=长半轴 10×cos$A$，计算 C 点角 A：7=10×cos$A$

cos$A$=0.7

C 点角　　A=45.573°

b. 根据 X=短半轴 5×sin$A$，计算 C 点 X=5×sin45.573°×2+20=27.14。

c. 根据 Z=长半轴 10×cos$B$，计算 D 点角 B：3=10×cos$A$

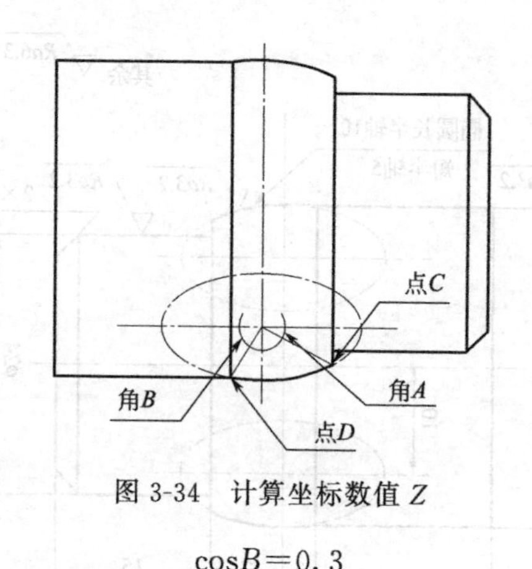

图 3-34 计算坐标数值 Z

$$\cos B=0.3$$

$$D\text{点角}B=72.542°$$

d. 根据 X=短半轴 $5\times\sin B$，计算 D 点 $X=5\times\sin72.542°\times2+20=29.54$。

⑥ 编写加工程序

O0319 程序名，用 O 及 O 后 4 位数表示

G0 X100 Z100 T0101 到换刀点，换 1 号刀，建立 1 号刀补，建立工件坐标系（程序段号可省写）

G99 G96 M3 S120 F0.1 主轴正转，恒线速切削 120m/min，每转切削进给 0.1

G50 S2000 主轴最高速度值限制：2000r/min

G0 Z22 快速定位到 $Z22$

X22 快速定位到 $X22$ （A 点）

G42 G1 X20 建立刀尖半径左补偿，精车直线插补到 $X20$

X24 Z20

Z7

X27.14

G65 H01 P#200 Q−45573 给#200 赋值为−45.573°

G65 H01 P#201 Q−27140 给#201 赋值为−27.14

G65 H01 P#202 Q7000 给#202 赋值为 7

N20 G1 X－#201 Z#202 小直线拟合椭圆曲线

G65 H31 P#203 Q10000 R#200 表示#203＝10×sin #200（正弦）

G65 H32 P#202 Q10000 R#200 表示#202＝10×cos#200（余弦）

G65 H02 P#201 Q#203 R－20000 表示#201＝#203＋{－20}

G65 H03 P#200 Q#200 R1000 表示#200＝#200－1

G65 H85 P20 Q#200 R－107458 表示当#200≥－107.458°时，转移到 N20 程序段，否则，执行下一程序段

G1 Z－20

G40 G0 X40 刀尖半径左补偿取消

G0 X100 快速定位到 X100

Z100 快速定位到 Z100

M30 程序结束，主轴停，冷却泵停，返回程序首

⑦ 要点提示

a. 利用宏程序加工公式曲线，首先将公式曲线整理成 X 和 Z 的表达式，并且 X 和 Z 的表达式必须在宏程序的指令中有相同的指令表达式，然后利用已知条件，确定变量以及变量的变化量和变化方向，写出宏指令表达式。

b. 利用宏程序的条件转移指令，采用小直线拟合原理，根据零件精度要求确定小直线的取值。

c. 根据零件形状，计算加工公式曲线的起始点和终止点。

d. 例题中仅编写了精加工宏程序，读者可根据零件毛坯尺寸和形状，确定进刀方向，设定进刀变量，可根据加工量编写零件的粗加工宏程序。

第4章 基本操作

本章提要

1. 主要内容：(1) 广州数控 980TD 系统操作概要；(2) 广州数控 928TE 系统操作概要；(3) 华中数控 HNC-21T 系统操作概要；(4) 数控车床安全操作规程。

2. 学习目标：掌握三系统的操作方法，牢记数控车床安全操作规程。

数控车床的操作与数控车床的编程相比要容易得多，一般有一定的机械基础，经过几天或十几天的上车床培训，都能掌握基本的操作方法，由于操作简单易学和数控车床型号众多，本书为了节省篇幅，对于操作的介绍，仅作操作概要介绍。按照数控车床操作规程，操作任何数控车床之前，必须认真阅读该机床的“使用说明书”，所以，本书不对数控车床的操作作更详细的介绍。还要说明，现在市场上数控系统常用的有几十种，各有特色，不同的数控系统的操作差别较大。因此，在操作时应根据所使用的数控系统进行灵活运用。

4.1 广州数控 980TD 系统操作概要

广州数控 980TD 系统操作面板见图 4-1。

4.1.1 程序的录入

① 打开程序开关：按［录入］→［设置］→［↓］→［1］或［0］→［输入］→［翻页］→［↓］→［W］左移或［DL］右移→录完后关程序开关。

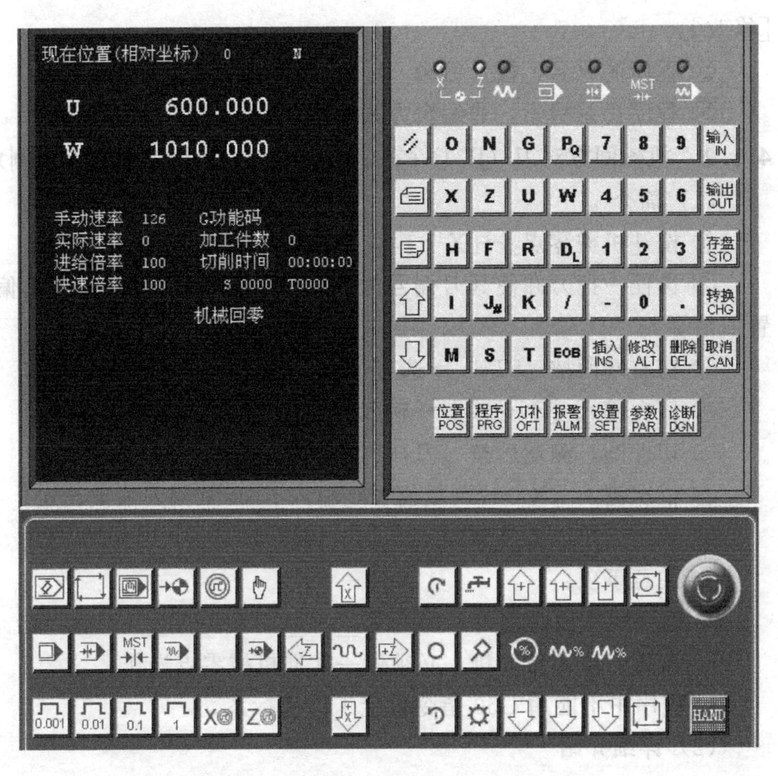

图4-1 广州数控980TD系统操作面板

② 建立新程序：按［编辑］→［程序］→输入程序名→［EOB］。

③ 录入程序内容：程序段尾按［EOB］。

④ 程序的选择：按［编辑］或［自动］→［程序］→输入程序名→［↓］或按［编辑］或［自动］→［程序］→输入［O］→［↓］→［程序］→输入［O］→［↓］。

⑤ 单个程序的删除：按［编辑］→［程序］→输入程序名→［删除］。

⑥ 指令字的插入：光标位于前一地址→输入内容→［插入］。

⑦ 指令字的删除：光标位于该地址下→［删除］。

⑧ 指令字的修改：光标位于被修改指令字→输入新指令字→

[修改]。

⑨ 程序的改名：按 [编辑]→[程序]→输入新名→[修改]。

⑩ 程序目录检索：非编辑方式按程序→[转换] 显示其余。

4.1.2 机械回零对刀（以工件右端面中心点为坐标系的 0 点为例）

（1）简介

① 按 [机械零点]→[X+] 至 X0→[Z+] 至 Z0。

② 选任一把刀并使其刀偏号为 00（操作方法见下面：刀具偏置值清零）。

③ 切右端面按 [刀补]→选刀号。

④ 依次键入 [Z]→[0]→[输入]，Z 轴偏置值被设定。

⑤ 切外圆，测量后按 [刀补] 选刀号。

⑥ 依次键入 [X]→[测量值]→[输入]，X 轴偏置值被设定。

⑦ 其余刀按以上步骤设定。

⑧ 注意事项：

a. 第一程序段必须为：G0 X_ Z_ T0101；

b. 按急停后及重开机，必须做一次回机械零点操作；

c. 程序中不能用 G50 指令设定工件坐标系。

（2）详细介绍

操作步骤如下（以工件端面建立工件坐标系）（见图 4-2）。

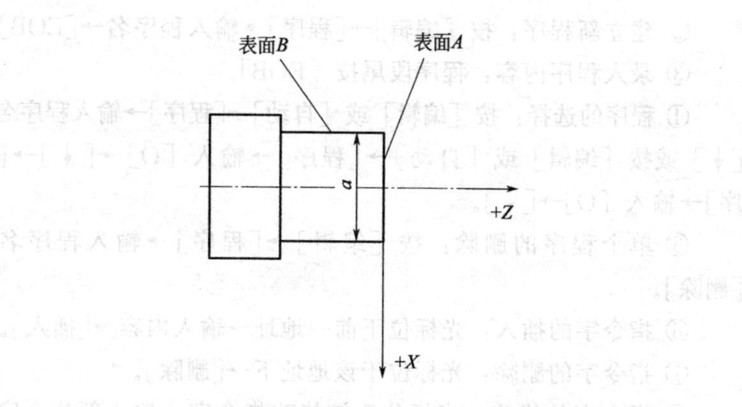

图 4-2 以工件端面建立工件坐标系

① Z 轴偏置值设定

a. 按［机械零点］键进入机械回零操作方式，使两轴回机械零点；

b. 选择任意一把刀，使刀具中的偏置号为 00（如 T0100，T0300）；

c. 使刀具沿 A 表面切削；

d. 在 Z 轴不动的情况下，沿 X 退出刀具，并且停止主轴旋转；

e. 按［刀补］键进入偏置页面，移动光标选择某一偏置号；

f. 依次按地址键［Z］、数字键［0］及［输入］键，Z 轴偏置值被设定。

② X 轴偏置值设定

a. 使刀具沿 B 表面切削；

b. 在 X 轴不动的情况下，沿 Z 退出刀具，并且停止主轴旋转；

c. 测量距离“a”（假定 $a=15$）；

d. 按［刀补］键进入偏置页面，移动光标选择某一偏置号；

e. 依次按地址键［X］、数字键［1］、［5］及［输入］键，X 轴偏置值被设定。

③ 另一把刀 Z 轴偏置值设定（见图 4-3）

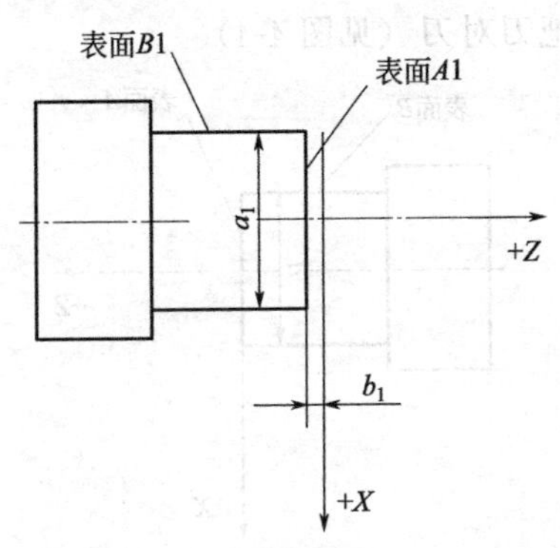

图 4-3　另一把刀 Z 轴偏置值设定

a. 移动刀具至安全换刀位置；

b. 换另一把刀，使刀具中的偏置号为 00（如 T0100，T0300）；

c. 使刀具沿 $A1$ 表面切削；

d. 在 Z 轴不动的情况下，沿 X 退出刀具，并且停止主轴旋转；测量 $A1$ 表面与工件坐标系原点之间的距离“b_1”（假定 $b_1=1$）；

e. 按［刀补］键进入偏置页面，移动光标选择某一偏置号；

f. 依次按地址键［Z］、符号键［-］、数字键［1］及［输入］键，Z 轴偏置值被设定。

④ 另一把刀 X 轴偏置值设定

a. 使刀具沿 $B1$ 表面切削；

b. 在 X 轴不动的情况下，沿 Z 退出刀具，并且停止主轴旋转；

c. 测量距离“a_1”（假定 $a_1=10$）；

d. 按［刀补］键进入偏置页面，移动光标选择某一偏置号；

e. 依次按地址键［X］、数字键［1］、［0］及［输入］键，X 轴偏置值被设定；

f. 移动刀具至安全换刀位置。

重复步骤③和④，即可完成所有刀的对刀。

4.1.3 试切对刀

（1）任意一把刀对刀（见图 4-4）

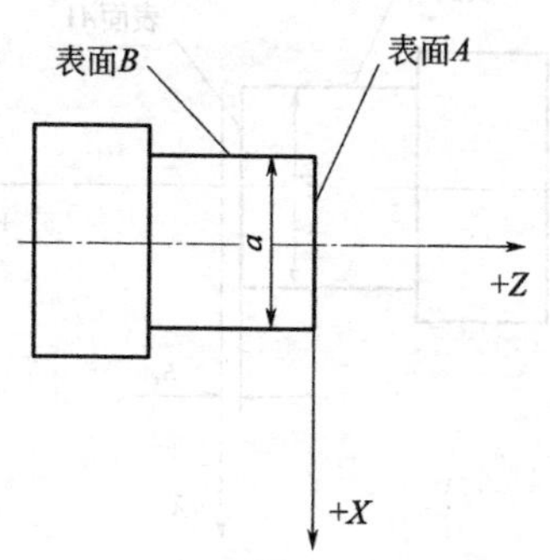

图 4-4 任意一把刀对刀

① 选择任意一把刀，使刀具沿 A 表面切削；

② 在 Z 轴不动的情况下，沿 X 退出刀具，并且停止主轴旋转；

③ 按［刀补］键进入偏置页面，移动光标选择某一偏置号；

④ 依次按地址键［Z］、数字键［0］及［输入］键；

⑤ 使刀具沿 B 表面切削；

⑥ 在 X 轴不动的情况下，沿 Z 退出刀具，并且停止主轴旋转；

⑦ 测量距离“a”(假定 $a=15$)；

⑧ 按［刀补］键进入偏置页面，移动光标选择某一偏置号；

⑨ 依次按地址键［X］、数字键［1］、［5］及［输入］键。

(2) 另一把刀对刀（见图 4-5）

① 移动刀具至安全换刀位置，换另一把刀，使刀具沿 $A1$ 表面切削；

② 在 Z 轴不动的情况下，沿 X 退出刀具，并且停止主轴旋转；

③ 测量 $A1$ 表面与工件坐标系原点之间的距离“b_1”(假定 $b_1=1$)；

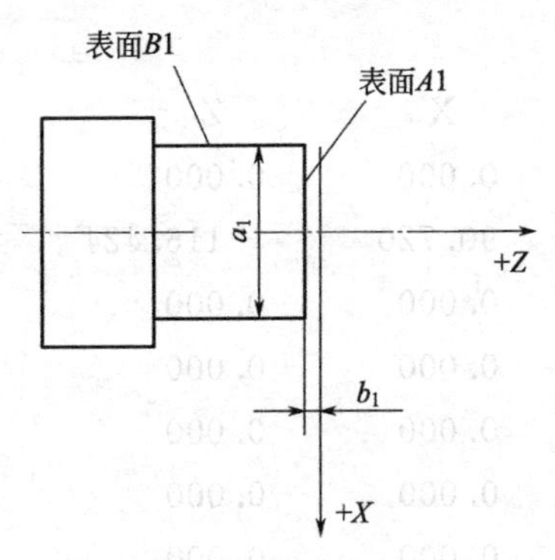

图 4-5　另一把刀对刀

④ 按［刀补］键进入偏置页面，移动光标选择某一偏置号；

⑤ 依次按地址键［Z］、符号键［-］、数字键［1］及［输

入］键；

⑥ 使刀具沿 $B1$ 表面切削；

⑦ 在 X 轴不动的情况下，沿 Z 退出刀具，并且停止主轴旋转；

⑧ 测量距离“a_1”（假定 $a_1=10$）；

⑨ 按［刀补］键进入偏置页面，移动光标选择某一偏置号；依次按地址键［X］、数字键［1］、［0］及［输入］键，X 轴偏置值被设定。

重复步骤（2），即可完成所有刀的对刀。

4.1.4 刀偏值的修改

（1）简介

① 绝对值输入：按［刀补］→［翻页］［↓］选刀号→［X］或［Z］及补偿量→［输入］。

② 增量值输入：按［刀补］→［翻页］［↓］选刀号→［U］或［W］及补偿量→［输入］。

（2）详细介绍

按［刀补］键进入偏置界面，通过按翻页键，分别显示 000 至 032 偏置号。

刀具偏置

序号	X	Z	R	T
000	0.000	0.000	0.000	0
001	90.720	−116.424	0.000	0
002	0.000	0.000	0.000	0
003	0.000	0.000	0.000	0
004	0.000	0.000	0.000	0
005	0.000	0.000	0.000	0
006	0.000	0.000	0.000	0
007	0.000	0.000	0.000	0

相对坐标

U　0.000　　W　0.000

序号000　　　　　　　　　　　　S0000　T0100

录入方式

① 绝对值输入

a. 按［刀补］键进入偏置页面，通过按翻页键，分别显示 000 至 032 偏置号；

b. 移动光标至要输入的刀具偏置号的位置；

c. 按地址键［X］或［Z］后，输入数字（可以输入小数点）；

d. 按［输入］键后，CNC 自动计算刀具偏置量，并在页面上显示出来。

② 增量值输入

a. 按［刀补］键进入偏置页面，通过按翻页键，分别显示 000 至 032 偏置号；

b. 移动光标至要输入的刀具偏置号的位置；

c. 如要改变 *X* 轴的刀具偏置值，键入 U；对于 *Z* 轴，键入 W；

d. 键入增量值；

e. 按［输入］，系统即把现在的刀具偏置值与键入的增量值相加，其结果作为新的刀具偏置值显示出来。

③ 刀具偏置值清零

a. 把 *X* 轴的刀具偏置值清零：按［X］键，再按［输入］键，*X* 轴的刀具偏置值被清零。

b. 把 *Z* 轴的刀具偏置值清零：按［Z］键，再按［输入］键，*Z* 轴的刀具偏置值被清零。

4.1.5　程序的校验

① 图形参数设置：按［设置］→［翻页］进入图形参数页→［录入］→移动光标至项目前→设置 *Z* 最大（稍大于工件 *Z*）→设置 *Z* 最小（稍大于工件 *Z*）→设置 *X* 最大（稍大于工件 *X*）→设置 *X* 最小（稍大于工件 *X*）→［输入］。

② 按［设置］→［翻页］进入图形轨迹演示→［自动］→［机床

锁］［辅助锁］［空运行］→［S］→［运行］（如看不到刀具轨迹，按［I］放大或按［M］缩小）。

4.1.6 其他操作

（1）超程解除

按［超程解除］不放→［复位］→［翻页］→［复位］→［复位］→［X+］或［X−］或［Z+］或［Z−］。

（2）自动运行

选程序→［自动］→［运行］。

（3）单段运行

按［自动］→［单段］→［运行］。

（4）单步运行

按［单步］→选增量值→［X+］或［X−］或［Z+］或［Z−］。

（5）MDI运行

按［录入］→［程序］进MDI页→键入各指令字→数字→输入→［运行］（按复位键可删除输入内容）。

（6）空运行

按［自动］→［空运行］→［运行］。

（7）液晶亮度调整

按［位置］进相对坐标→按［U］或［W］即闪动U或W→按［↑］暗→按［↓］亮。

（8）相对坐标清零

按［位置］进相对坐标→按［U］或［W］即闪动U或W→［取消］。

（9）机床坐标清零

按［位置］进综合坐标→按［取消］不放→按［X］或［Z］。

（10）多功能键的功能

①［位置］：相对坐标，绝对坐标，综合坐标，位置，程序。

②［程序］：程序，程序目录，MDI。

③［刀补］：刀补数据，宏变量。

④［报警］：报警信息，外部信息。

⑤［设置］:

a. 设置：代码设置，开关设置；

b. 图形：图形参数，图形显示。

(11) 手动操作

按［手动］进入手动操作方式，可以进行以下操作。

① 坐标轴移动：按方向键实现 X、Z 轴移动，按转换键实现手动进给/手动快速转换。

② 手动进给倍率，手动快速倍率，主轴转速倍率的调整：按相应键实现。

③ 主轴正转、反转、停止控制：按相应键实现。

④ 冷却液控制：按相应键实现。

⑤ 手动换刀：按相应键实现。

⑥ 手轮操作：通过选择增量和选择 X 或 Z 方向以及手轮的正反转，可实现刀的移动。

(12) 要点提示

① 通过对刀建立工件坐标系。编程时，首先要确定工件坐标系的零点，所有程序中的坐标值，都是工件坐标系中的坐标值。在加工前，工件坐标系的零点要通过对刀建立。所以，对刀的操作要认真和细致、准确。

② 机械回零对刀和试切对刀，都是通过设置刀偏数据来实现的。刀具补偿其中包括刀具位置补偿和刀尖圆弧半径补偿。刀具补偿号从“01”组开始，“00”为取消刀具补偿号，一般用同一编号指令刀具号和补偿号，例如“T0101”、“T0202”中 T 后的“01”、“02”是刀具号，后两位的“01”、“02”是刀具补偿号。机械回零对刀和试切对刀都是设置刀具位置补偿，并通过设置刀具位置补偿建立工件坐标系。

③ 刀尖半径补偿的设置，是设置 R、T 的参数，操作步骤是：

a. 按［刀补］键进入偏置页面，移动光标选择某一偏置号；

b. 分别键入刀尖半径 R 的数值和假想刀尖号码 T 的数值。

④ 当出现刀具磨损或改变加工数据的时候，要进行刀具偏置

值的修改。

（13）GSK980TA 系统对刀

① 基准刀试切对刀：[手动]→车右端面→[录入]→[程序] 翻页进 MDI →键入 G50→[输入]→键入 Z0→[输入]→[循环启动]→[刀补]→选刀号→键入 Z0→[输入]，X 对刀同上。

② 其他刀试切对刀：[手动]→刀紧靠右端面→[录入]→[程序] 翻页进 MDI →[刀补]→选刀号→键入 Z0→[输入]，X 对刀同上。

4.2 广州数控 928TE 系统操作概要

广州数控 928TE 系统操作面板见图 4-6。

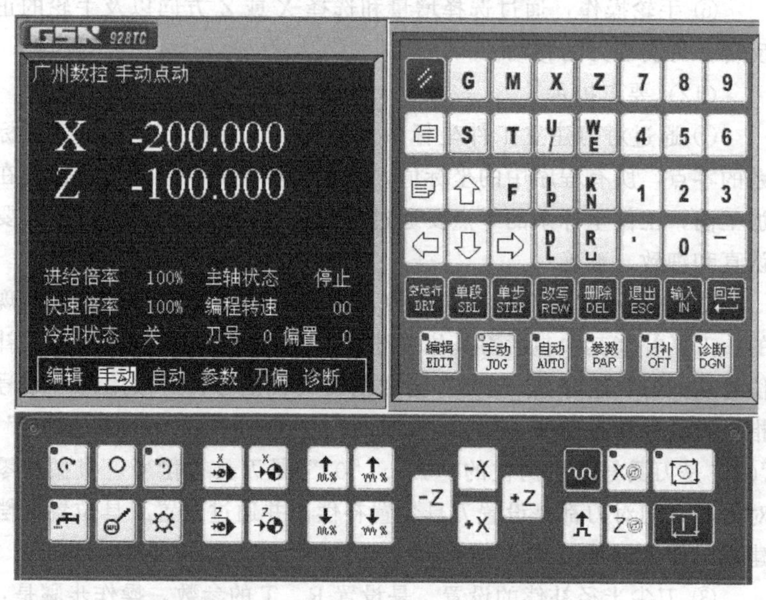

图 4-6 广州数控 928TE 系统操作面板

4.2.1 程序编辑

① 新零件程序的建立：按 [编辑]→[输入]→[程序号]→[回

车]→输入一个程序段→[回车]→输完按［退出］。

② 零件程序的选择：按［编辑］→［输入］→［程序号］→[回车]。

③ 零件程序的删除：按［编辑]→[输入]→[程序号]→[删除]→[回车]。

④ 程序行的插入：光标移至上行尾端→[回车]。

⑤ 程序段的删除：光标移至该段N下→[删除]。

⑥ 程序段的段跳过：按［编辑］→在N前按2次［U/］即插入/。

4.2.2 手动方式

按［手动］→可按［单步］实现单步/点动转换，可按［步长］选择步长，可选择快速倍率，进给倍率，手动换刀，快速/进给切换，刀快速/进给移动，主轴转速的转换。

4.2.3 设置工件坐标系（一般用1号刀）

(1) 简介

① [手动]→启动主轴→车右端面→Z轴不动按［输入］→[Z]→[0]→[回车]。

② [手动]→启动主轴→车外圆并测量→X轴不动按［输入］→[X]→[测量值]→[回车]。

(2) 详细介绍

GSK928TE数控系统采用浮动工件坐标系。工件坐标系是对刀及相关尺寸的基准。在系统安装完毕后首先应设置工件坐标系。在因某些特殊原因造成失步而使实际位置与工件坐标系位置不符时也应重新设置工件坐标系。设置工件坐标系的操作如下。

① 在机床上装夹好工件，选择任意一把刀（一般是加工中使用的第一把刀）。

② 选择合适的主轴转速，启动主轴。在手动方式下移动刀具，在试切工件上切出一个小台阶。

③ 在X轴不动情况下沿Z方向将刀具移动到安全位置，停止

主轴旋转。

④ 测量所切出的台阶的直径，按［输入］键，屏幕显示“设置”，再按［X］键，显示［设置 X］，输入测量出的直径值，按［回车］键，系统自动设置好 X 轴方向的工作坐标，如按［退出］键，则取消 X 轴的工件坐标设置。

⑤ 再次启动主轴，在手动方式下移动刀具，在试切工件上切出一个端面。

⑥ 在 Z 轴不动情况下沿 X 方向将刀具移动到安全位置，停止主轴旋转。

⑦ 选择一点作为基准点（该点最好是机床上的一个固定点，例如卡盘的端面），测量所切的端面到所选的在 Z 方向的距离，按［输入］键，屏幕显示“设置”，再按［Z］键，显示［设置 Z］，输入测量值，按［回车］键，系统自动设置好 Z 轴方向的工作坐标，如按［退出］键，则取消 Z 轴的工件坐标设置。

通过以上操作，系统的工件坐标系建立完成。

4.2.4 试切对刀（校刀）（其他刀）

（1）简介

①［手动］→刀轻靠工件右端面→按［K］→［0］→［回车］→［回车］。

②［手动］→车外圆并测量→［I］→X 轴不动 →［测量值］→［回车］→［回车］。

（2）详细介绍

必须在设置好工件坐标系后方可使用，操作过程与设置工件坐标系的操作过程基本相同。

① 对刀前准备工作。

② 当刀偏号不为零时，要输入 T00 先撤销原刀偏再对刀。

③ 在机床上装夹好工件，选择任意一把刀。

④ 选择合适的主轴转速，启动主轴。在手动方式下移动刀具，在试切工件上切出一个小台阶。

⑤ 在 X 轴不动情况下沿 Z 方向将刀具移动到安全位置，停止

主轴旋转。

⑥ 测量所切出的台阶的直径，按［I］键，屏幕显示“刀偏 X”，输入测量出的直径值，按［回车］键，屏幕显示“T * X”（*号表示当前的刀位号），再按［回车］键系统自动计算 X 轴方向的刀偏值，并将计算出的刀偏存入。如按［退出］键，则取消 X 轴的刀偏值设置。

⑦ 再次启动主轴。在手动方式下移动刀具，在试切工件上切出一个端面。

⑧ 在 Z 轴不动情况下沿 X 方向将刀具移动到安全位置，停止主轴旋转。

⑨ 选择一点作为基准点（该点最好是机床上的一个固定点，例如卡盘的端面），测量所切的端面到所选的在 Z 方向的距离，按［K］键，屏幕显示“刀偏 * Z”，输入测量出的数值，按［回车］键，显示［T * Z］（*号表示当前的刀位号），按［回车］键，系统自动设置好 Z 轴方向的刀偏值，如按［退出］键，则取消 Z 轴的刀偏值设置。

换下一把刀，重复①至⑥步骤的操作对好其他刀具。当工件坐标系没有变动的情况下，可以通过上述过程对任意一把刀进行对刀操作。

4.2.5 自动方式

选择程序（注意：选择程序时，要将光标移至程序的第一段首才运行整个程序，否则，则从光标所在程序段开始运行）→按［自动］→［启动］（按［单段］实现单段/自动转换，按［空运行］实现机床锁住/加工运行转换），按［进给保持］可实现进给停。

4.2.6 刀偏值的输入

按［刀补］→光标选刀号→［输入］→输入数据→［回车］或输入数据→［改写］（输入数据与原数据累计）。

4.2.7 图形显示切换

在非运动状态→初始为坐标显示→［T］实现坐标/图形转换→

图形状态按［Z］实现二维图形/刀具轨迹转换。

4.2.8 图形显示数据的输入和液晶显示亮度的调整

① 在自动方式非运动状态→[回车]→输入毛坯总长→[回车]→输入直径→[回车]（比例大小用光标切换）。

② 液晶显示亮度的调整，在手动或自动方式→2 个翻页键可调整液晶亮度。

4.3 华中数控 HNC-21T 系统操作概要

4.3.1 操作面板

华中数控 HNC-21T 系统操作面板见图 4-7 和图 4-8。

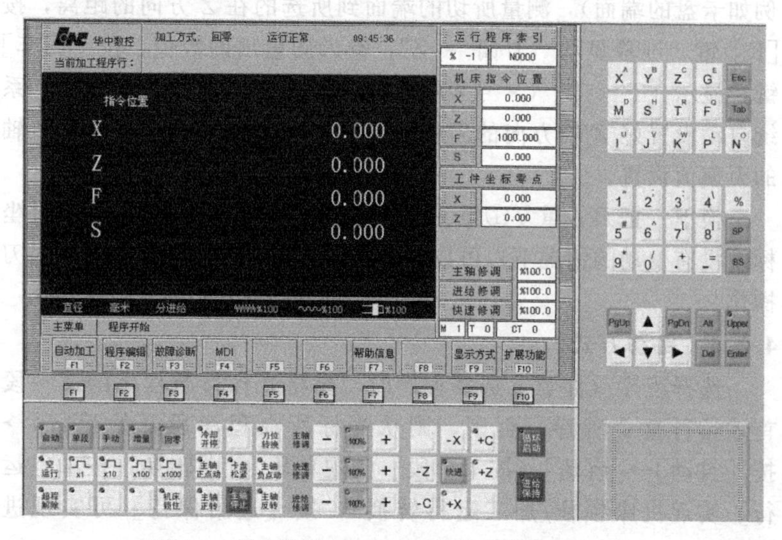

图 4-7 华中数控 HNC-21T 系统操作面板（一）

HNC-21T 的菜单结构如下。

（1）F1 自动加工

① F1 程序选择。

② F2 运行状态。

③ F3 程序校验。

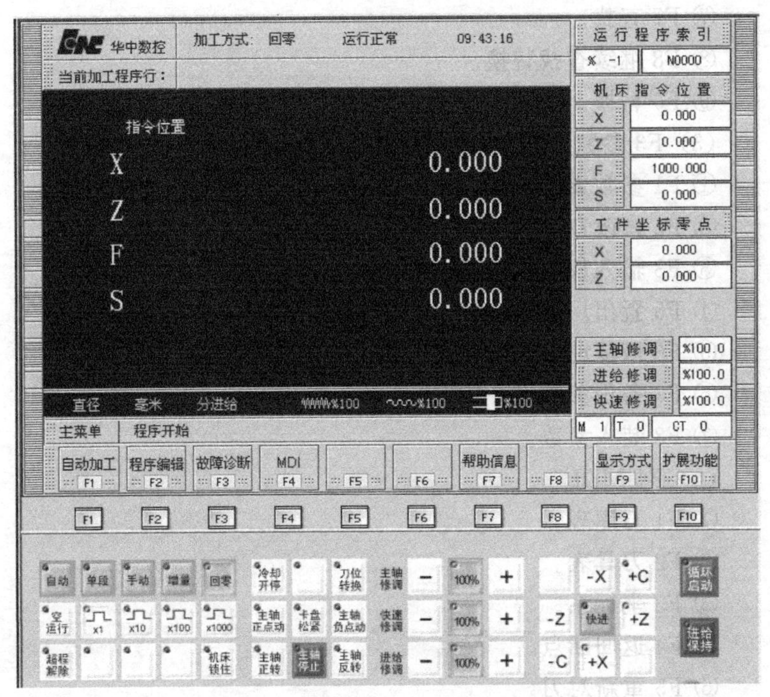

图 4-8 华中数控 HNC-21T 系统操作面板（二）

④ F4 重新运行。

⑤ F5 保存断点。

⑥ F6 恢复断点。

⑦ F7 重新运行。

⑧ F8 从指定行运行。

（2）F2 程序编辑

① F1 文件管理。

② F2 选择编辑程序。

③ F3 编辑当前程序。

④ F4 保存文件。

⑤ F5 文件另存为。

⑥ F6 删除一行。

⑦ F7 查找。

⑧ F8 继续查找替换。

⑨ F9 替换。

(3) F3 参数

① F1 参数索引。

② F2 修改口令。

③ F3 输入权限。

④ F5 置出厂值。

⑤ F6 恢复前值。

⑥ F7 备份参数。

⑦ F8 装入参数。

(4) F4 MDI

① F1 刀库表。

② F2 刀具表。

③ F3 坐标系。

④ F4 返回断点。

⑤ F5 重新对刀。

⑥ F6 MDI 运行。

⑦ F7 MDI 清除。

⑧ F8 对刀。

(5) F5PLC

F4 状态显示。

(6) F6 故障报警

① F6 报警显示。

② F7 错误历史。

(7) F7 设置毛坯大小

4.3.2 程序编辑

(1) 建立新程序

F2→F2→F1 磁盘→选分区→选文件名栏→Enter 回车→输入文件名→Enter 回车→编辑→F4 存盘。

(2) 编辑当前程序

F2→F2→F4 保存。

(3) 选择程序

① F2→F2→F2。

② F2→F2→F1→Tab 选项搜索→▼(▲)选区号→Enter 回车→选文件→Enter 回车。

(4) 编辑

删除一行:F2→F6。

Del:删除光标后的一个字符。

PgUp:使编辑向程序头滚动一屏。

PgDn:使编辑向程序尾滚动一屏。

BS:删除光标前的一个字符。

4.3.3 数据设置

① 坐标系设置:F4→F3→PgDn(PgUp)选 G54(或 G55…)→输入坐标数据→Enter 回车。

② 自动坐标系设置:F4→F8→F4→F1(G54)→切外径→F5→F1(*X* 轴对刀)→Enter 回车→输入直径值→切端面→F5→F2(*Z* 轴对刀)→Enter 回车→输入 *Z* 轴距离值。

③ 利用设置刀偏值作坐标系设置(建议用此方法)。

④ 刀库表:F4→F1→▼(▲)PgDn(PgUp)选项 → Enter 回车→输入数据→Enter 回车。见图 4-9。

⑤ 刀具表:F4→F2→选项→Enter 回车→输入数据→Enter 回车。见图 4-10。

4.3.4 MDI 运行

MDI 运行:F4→F6→输入指令→Enter 回车→循环启动[用 BS、▼(▲)等编辑,F7 清除全部内容,运行时 F7 停止运行]。

4.3.5 程序运行

① 选程序:F1→F1→F1(可选正在编辑的程序)→搜索→选分区→Enter 回车→选程序→Enter 回车。

华中数控 加工方式：回零 运行正常 20:30:17

当前加工程序行：

刀库表：

位置	刀号	组号
#0000	-1	-1
#0001	-1	-1
#0002	-1	-1
#0003	-1	-1
#0004	-1	-1
#0005	-1	-1
#0006	-1	-1
#0007	-1	-1
#0008	-1	-1
#0009	-1	-1
#0010	-1	-1
#0011	-1	-1
#0012	-1	-1

直径 毫米 分进给 %100 %100 %0

命令行：

刀库表 F1 刀具表 F2 坐标系 F3 F4 F5 MDI运行 F6 F7 F8 显示方式 F9 返回 F10

运行程序索引 % -1 N0000

机床指令位置 X -500.000 Y -250.000 Z 0.000 F 1800.000

工件坐标零点 X 0.000 Y 0.000 Z 0.000

主轴修调 %100.0 进给修调 %100.0 快速修调 %100.0

M 1 T 0 CT 0

F1 F2 F3 F4 F5 F6 F7 F8 F9 F10

图 4-9 刀库表（一）

华中数控 加工方式：回零 运行正常 20:27:57

当前加工程序行：

刀具表：

刀号	组号	长度	半径	寿命	位置
#0000	-1	0.000	0.000	0	-1
#0001	-1	0.000	0.000	0	-1
#0002	-1	0.000	0.000	0	-1
#0003	-1	0.000	0.000	0	-1
#0004	-1	0.000	0.000	0	-1
#0005	-1	0.000	0.000	0	-1
#0006	-1	0.000	0.000	0	-1
#0007	-1	0.000	0.000	0	-1
#0008	-1	0.000	0.000	0	-1
#0009	-1	0.000	0.000	0	-1
#0010	-1	0.000	0.000	0	-1
#0011	-1	0.000	0.000	0	-1
#0012	-1	0.000	0.000	0	-1

直径 毫米 分进给 %100 %100 %0

命令行：

刀库表 F1 刀具表 F2 坐标系 F3 F4 F5 MDI运行 F6 F7 F8 显示方式 F9 返回 F10

运行程序索引 % -1 N0000

机床指令位置 X -500.000 Y -250.000 Z 0.000 F 1800.000

工件坐标零点 X 0.000 Y 0.000 Z 0.000

主轴修调 %100.0 进给修调 %100.0 快速修调 %100.0

M 1 T 0 CT 0

F1 F2 F3 F4 F5 F6 F7 F8 F9 F10

图 4-10 刀库表（二）

② 程序校验：选程序→自动→F1→F3→循环启动。

③ 运行：自动→循环启动。

④ 从指定点运行：F1→F7→N→F8→Enter 回车→循环启动。

⑤ 保存加工断点：F1→F7→N→F5→按新建程序方式输入断点文件名→Enter 回车→F4 保存。

⑥ 恢复断点：回参考点→F1→F6→选择断点程序→Enter 回车。

⑦ 定位至加工断点：F4→F4→循环启动→刀至断点→F10→循环启动，继续加工。

⑧ 重新对刀：手动将刀移至断点处→F4→F5→循环启动→F10 退出 MDI→循环启动，继续加工。

4.3.6　手动运行（篇幅所限，未作详细介绍）

① 手动移动机床坐标轴（点动、增量、手摇）。

② 手动控制主轴（制动、启停、冲动、定向）。

③ 机床锁住、Z 轴锁住。

④ 刀具松紧、冷却液启停。

⑤ 手动数据输入（MDI）运行。

4.3.7　超程解除

在伺服轴的两端各有一个极限开关，其作用是防止伺服机构碰撞而损坏。每当伺服机构碰到行程极限开关时，就会出现超程。当某轴出现超程时，系统视其状况为紧急停止，要退出超程状态时，必须：

① 松开急停按钮，置工作方式为“手动”或“手摇”方式；

② 一直按压“超程解除”按键；

③ 在“手动”或“手摇”方式下，使该轴向相反方向退出超程状态；

④ 松开“超程解除”按键。

注意：在“手动”或“手摇”方式下，使该轴向相反方向退出超程状态的操作时，一定要注意移动方向，避免发生碰撞。

4.3.8 显示（篇幅所限，未作详细介绍）

① 当前位置显示。

② 坐标系选择。

③ 位置类型选择。

④ 当前位置值显示。

⑤ 图形显示。

⑥ 图形放大倍数。

⑦ 运行状态显示。

⑧ PLC 运行状态显示。

4.4 数控车床的安全操作规程

① 工作人员必须熟悉数控车床的使用说明书等有关资料。

② 开机前应对数控车床进行全面细致的检查，包括面板、导轨面、卡爪、尾座、刀架、刀具等，确认无误后方可操作。

③ 数控车床通电后，检查各开关、按钮、按键是否正常、灵活，机床有无异常现象。检查电压、油压是否正常，有手动润滑的部位先要进行手动润滑。

④ 各坐标轴手动回零，注意回零前，车床各轴的位置要距机械原点 100mm 以上。

⑤ 程序输入后，应仔细核对代码、地址、正负号、小数点及语法是否正确。

⑥ 正确测量和计算工件坐标系，并对所得结果进行检查。

⑦ 输入工件坐标系，并对坐标、坐标值、正负号及小数点进行认真核对。

⑧ 未装工件前，空运行一次程序。

⑨ 无论是首次加工的零件，还是重复加工的零件，都必须对照图样、工艺规程、加工程序和刀具调整卡，进行试切。

⑩ 试切时快速进给倍率开关必须打到较低挡位。

⑪ 试切进刀时，在刀具运行至工件表面 30～50mm 处，必须

在进给保持下，验证 Z 轴和 X 轴坐标剩余值与加工程序是否一致。

⑫ 验证 Z 轴和 X 轴坐标剩余值与加工程序是否一致。

⑬ 试切和加工中，刃磨刀具和更换刀具后，要重新测量刀具位置并修改刀补值和刀补号。

⑭ 程序修改后，对修改部分要仔细核对。

⑮ 手动进给连续操作时，必须检查各种开关所选位置是否正确，运动方向是否正确，然后再进行操作。

⑯ 必须在确认工件夹紧后才能启动机床，严禁工件转动时测量、触摸工件。

⑰ 操作中出现工件跳动、打抖、异常声音、夹具松动等异常情况时必须立即停车处理。

⑱ 紧急停车后，应重新进行机床“回零”操作，才能再次运行程序。

⑲ 机床转动时，必须关好安全防护门。

⑳ 操作人员及其他人员，在机床转动时要离开工件可能甩出的抛物线方位。

㉑ 加工完毕，要将机床清理干净。

注意：更详细的操作说明，可阅读各机床使用说明书。

提高篇

第 5 章

固定循环编程

本章提要

1. 主要内容：轴向切削循环 G90 和径向切削循环 G94 指令车台阶圆、锥圆。

2. 学习目标：熟练掌握利用 G90、G94 指令车台阶圆和锥圆的编程方法。

3. 学习方法：以看例题为主，当对例题有不理解的地方时，再看指令的详细介绍。

5.1 轴向切削循环 G90（长径比较大）

5.1.1 指令格式

（1）轴向车直台阶循环，G90 X__ Z__

式中，X，Z 切削终点绝对坐标。

（2）轴向车锥循环，G90 U__ W__ R__

式中，U、W、R 的含义见图 5-1，其切削循环路线为 $A—B—C—D—A$；

U 的符号由 $A—B$ 的 X 向确定；

W 的符号由 $B—C$ 的 Z 向确定；

R 的符号由 $C—B$ 的 X 向确定；

当 R 与 U 的符号不一致时，$|R|\leqslant|U/2|$。

5.1.2 指令说明

① U：切削终点与起点 X 轴绝对坐标的差值，单位：mm。

② W：切削终点与起点 Z 轴绝对坐标的差值，单位：mm。

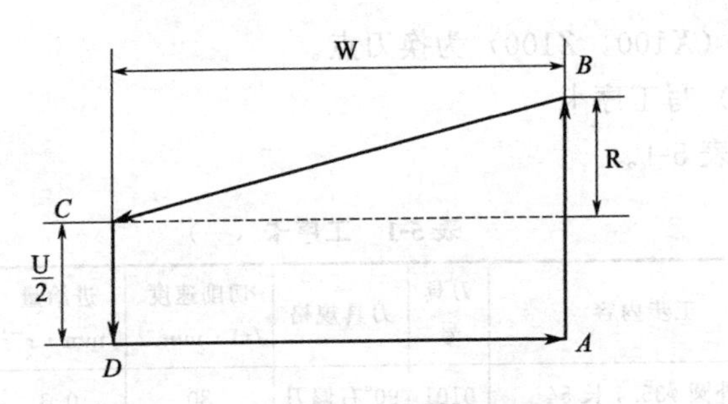

图 5-1 G90 指令切削循环路线

③ R：切削起点与终点 X 轴绝对坐标的差值，半径值，单位：mm，带方向。

5.1.3 车台阶圆

例题 5-1 被加工零件如图 5-2 所示。材料：45 钢，粗车及切断刀具 YT5，精车刀具 YT15。

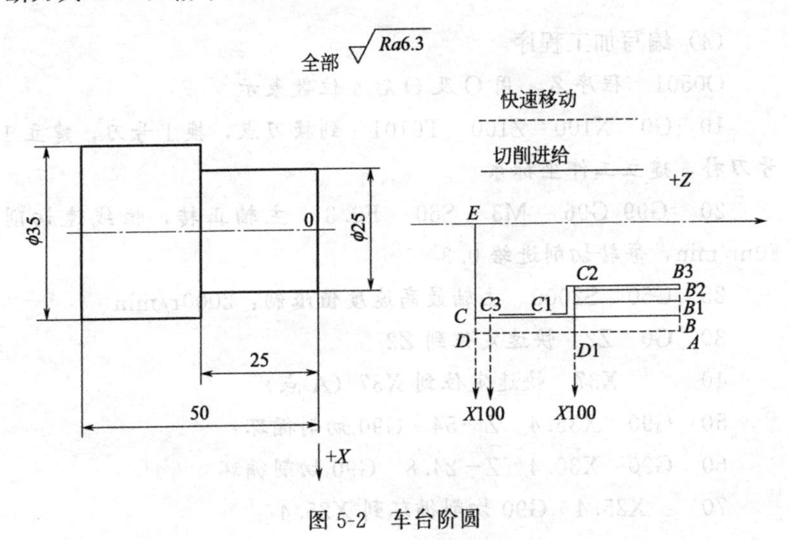

图 5-2 车台阶圆

（1）设定工件坐标系

工件右端面的中心点为坐标系的零点。

（2）选定换刀点

点（$X100$，$Z100$）为换刀点。

（3）写工序卡

见表 5-1。

表 5-1 工序卡（一）

工步号	工步内容	刀具号	刀具规格	切削速度 /m·min^{-1}	进给量 /mm·r^{-1}	背吃刀量 /mm	备注
10	粗车外圆 ϕ35.4 长 54	0101	90°右偏刀	80	0.3	2	
20	粗车外圆 ϕ30.4 长 24.8	0101	90°右偏刀	80	0.3	5	
30	粗车外圆 ϕ25.4 长 24.8	0101	90°右偏刀	80	0.3	5	
40	精车	0404	90°右偏刀	120	0.1	0.4	
50	切断	0202	宽 4	50	0.1	4	
60	检验						

（4）编写加工程序

O0501　程序名，用 O 及 O 后 4 位数表示

10　G0　X100　Z100　T0101　到换刀点，换 1 号刀，建立 1 号刀补，建立工件坐标系

20　G99 G96　M3　S80　F0.3　主轴正转，恒线速切削 80m/min，每转切削进给 0.3

25　G50　S2000　主轴最高速度值限制：2000r/min

30　G0　Z2　快速定位到 $Z2$

40　　X37　快速定位到 $X37$（A 点）

50　G90　X35.4　Z−54　G90 切削循环

60　G90　X30.4　Z−24.8　G90 切削循环

70　　X25.4　G90 切削循环到 $X25.4$

80　G0　X100　快速定位到 $X100$

90　　Z100　快速定位到 $Z100$

100　T0404　S120　F0.1　换 4 号刀，恒线速切削 120m/min，每转切削进给 0.1

110 G0 Z2 快速定位到 Z2

120 X37 快速定位到 X37 （A 点）

130 G1 X25 精车，直线插补到 X25

140 Z−25 直线插补到 Z−25

150 X35 直线插补到 X35

160 Z−50 直线插补到 Z−50

170 G0 X100 快速定位到 X100

180 Z100 快速定位到 Z100

190 T0202 S50 F0.1 换2号刀，恒线速切削 50m/min，每转切削进给 0.1

200 G0 Z−54 快速定位到 Z−54

210 X37 快速定位到 X37

220 G1 X0 直线插补到 X0

230 G0 X100 快速定位到 X100

240 Z100 快速定位到 Z100

250 M30 程序结束，主轴停，冷却泵停，返回程序首

（5）要点提示

① 加工路线是：先粗车外圆，而后精车。

② 刀移动路线：A→B→C→D→A→B1→C1→D1→A→B2→C2→D1→X100（到换刀点）→A→B3→C3→X100（到换刀点）→D→E→X100（到换刀点）。

③ 注意 60 和 70 程序段，60 程序段要写 G90，而 70 程序段则不要写 G90。

④ G90 的每个程序段都走一个例如 A→B→C→D 的方框，起点和终点都是 A 点。

⑤ 精车路线可改为 C3→B3，这时要用 90°左偏刀。优点是 X 向进刀方向与丝杠的推力方向一致，可减少 X 向误差，提高加工精度。

5.1.4 车锥圆及相对坐标编程

（1）相对坐标的概念

编写程序时，需要给定轨迹终点或目标位置坐标值，按编程坐标值类型可分为：绝对坐标编程、相对坐标编程和混合坐标编程三种编程方式。

绝对坐标编程：使用 *X*、*Z* 轴的绝对值编程，用 X、Z 表示。

相对坐标编程：使用 *X*、*Z* 轴的相对位移量编程，用 U、W 表示。

混合坐标编程；在同一程序段允许使用 X、Z 轴的绝对值和使用 X、Z 轴的相对位移量编程。

例如图 5-3 所示，用三种方式编程如下：

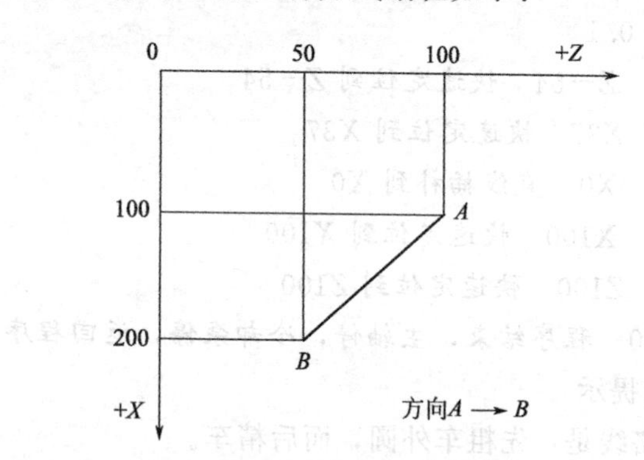

图 5-3 编程方法示意

绝对值编程：*G*1 *X*200 *Z*50

相对坐标编程：*G*1 *U*100 *W*－50

混合坐标编程；*G*1 *X*200 *W*－50；或 *G*1 *U*100 *Z*50

（2）车锥圆举例

例题 5-2 被加工零件如图 5-4 所示。材料：45 钢，粗车及切断刀具 YT5，精车刀具 YT15。

（1）设定工件坐标系

工件右端面的中心点为坐标系的零点。

（2）选定换刀点

点（*X*100，*Z*100）为换刀点。

（3）写工序卡

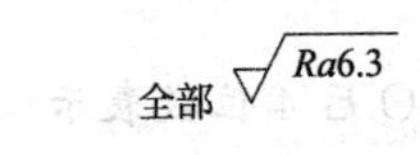

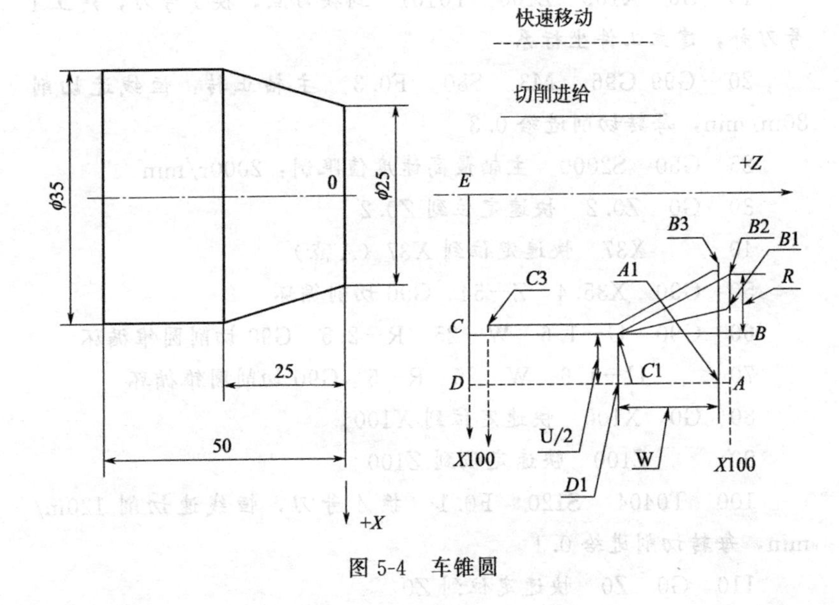

图 5-4　车锥圆

见表 5-2。

表 5-2　工序卡（二）

工步号	工步内容	刀具号	刀具规格	切削速度 /m·min^{-1}	进给量 /mm·r^{-1}	背吃刀量 /mm	备注
10	粗车外圆 φ35.4,长 54	0101	90°右偏刀	80	0.3	2	
20	粗车锥圆 φ30.4 → φ35.4,长 25	0101	90°右偏刀	80	0.3	2.5	
30	粗车锥圆 φ25.4 → φ35.4,长 25	0101	90°右偏刀	80	0.3	2.5	
40	精车	0404	90°右偏刀	120	0.1	0.4	
50	切断	0202	宽 4	50	0.1	4	
60	检验						

（4）编写加工程序

O0502　程序名，用O及O后4位数表示

10　G0　X100　Z100　T0101　到换刀点，换1号刀，建立1号刀补，建立工件坐标系

20　G99 G96　M3　S80　F0.3　主轴正转，恒线速切削80m/min，每转切削进给0.3

25　G50　S2000　主轴最高速度值限制：2000r/min

30　G0　Z0.2　快速定位到Z0.2

40　　X37　快速定位到X37（A点）

50　G90　X35.4　Z−54　G90切削循环

60　G90　U−1.6　W−25　R−2.5　G90切削圆锥循环

70　　U−1.6　W−25　R−5　G90切削圆锥循环

80　G0　X100　快速定位到X100

90　　Z100　快速定位到Z100

100　T0404　S120　F0.1　换4号刀，恒线速切削120m/min，每转切削进给0.1

110　G0　Z0　快速定位到Z0

120　　X37　快速定位到X37　（A1点）

130　G1　X25　精车，直线插补到X25

140　　X35　Z−25　直线插补到X35，Z−25

160　　Z−50　直线插补到Z−50

170　G0　X100　快速定位到X100

180　　Z100　快速定位到Z100

190　T0202　S50　F0.1　换2号刀，恒线速切削50m/min，每转切削进给0.1

200　G0　Z−54　快速定位到Z−54

210　　X37　快速定位到X37

220　G1　X0　直线插补到X0

230　G0　X100　快速定位到X100

240　　Z100　快速定位到Z100

250 M30 程序结束，主轴停，冷却泵停，返回程序首

(5) 要点提示

① 加工路线是：先粗车外圆，圆锥，而后精车。

② 刀移动路线：$A \to B \to C \to D \to A \to B1 \to C1 \to D1 \to A \to B2 \to C1 \to D1 \to A \to X100$（到换刀点）$\to A1 \to B3 \to C3 \to X100$（到换刀点）$\to D \to E \to X100$（到换刀点）。

③ 注意 50 和 60、70 程序段，50、60 程序段要写 G90，而 70 程序段则不要写 G90。

④ G90 的每个程序段都走一个例如 $A \to B \to C \to D$ 的方框，起点和终点都是 A 点。

⑤ G90 车锥切削循环中：

U 的符号由 $A \to B$ 的 X 方向确定，车倒锥时，要求 $|U/2| \geqslant |R|$，车正锥时不作要求。

W 的符号由 $B \to C$ 的 Z 方向确定。

R 的符号由 $C \to B$ 的 X 方向确定。

⑥ 精车路线可改为 $C3 \to B3$，这时要用 90°左偏刀。优点是 X 向进刀方向与丝杠的推力方向一致，可减少 X 向误差，提高加工精度。

5.2 径向切削循环 G94（长径比较小）

5.2.1 指令格式

(1) 径向车直台阶循环 G94 X _ Z _

式中，X、Z 是切削终点绝对坐标。

(2) 径向车锥循环 G94 U _ W _ R _

式中，U、W、R 的含义见图 5-5，其中：

U 的符号由 B—C 的 X 向确定；

W 的符号由 A—B 的 Z 向确定；

R 的符号由 C—B 的 Z 向确定。

当 R 与 U 的符号不一致时，$|R| \leqslant |W|$。

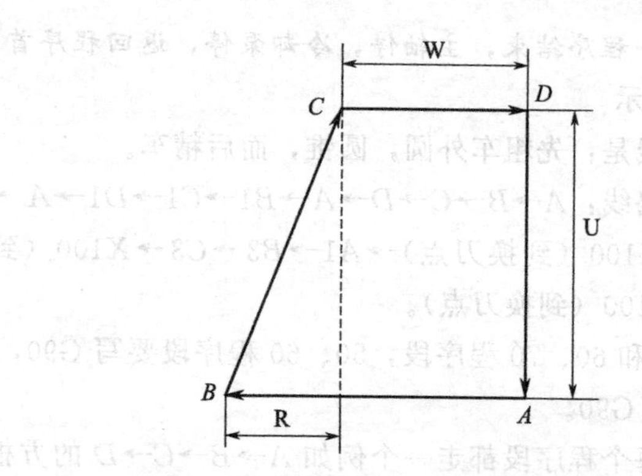

图 5-5　G94 指令中 U、W、R 的含义

5.2.2　指令说明

① U：切削终点与起点 X 轴绝对坐标的差值，单位：mm。

② W：切削终点与起点 Z 轴绝对坐标的差值，单位：mm。

③ R：切削起点与终点 Z 轴绝对坐标的差值，半径值，单位：mm，带方向。

5.2.3　车台阶圆

例题 5-3　被加工零件如图 5-6 所示，材料：45 钢 ϕ36×长

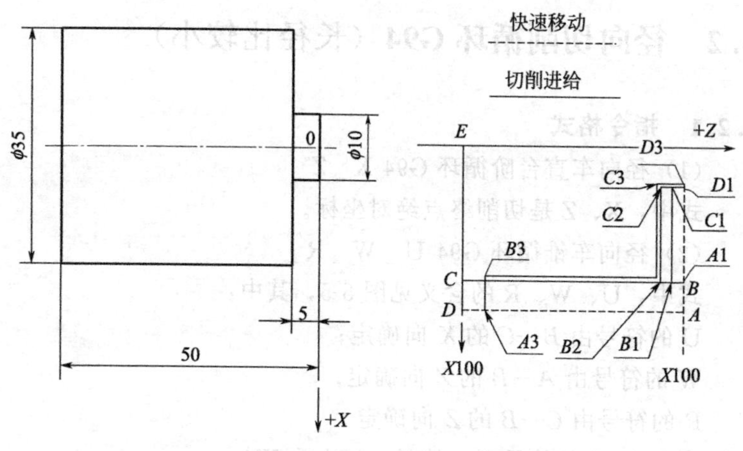

图 5-6　车台阶圆

100，粗车、精车及切断刀具YT5。

(1) 设定工件坐标系

工件右端面的中心点为坐标系的零点。

(2) 选定换刀点

点（$X100$，$Z100$）为换刀点。

(3) 写工序卡

见表5-3。

表5-3 工序卡（三）

工步号	工步内容	刀具号	刀具规格	切削速度 /m·min^{-1}	进给量 /mm·r^{-1}	背吃刀量 /mm	备注
10	粗车外圆ϕ35.4长54	0101	90°右偏刀	80	0.3	1	
20	粗车端面ϕ10.4长2.3	0303	90°左偏刀	80	0.3	2.5	
30	粗车端面ϕ10.4长4.8	0303	90°左偏刀	80	0.3	2.5	
40	精车	0303	90°左偏刀	120	0.1	0.4	
50	切断	0202	宽4	50	0.1	4	
60	检验						

(4) 编写加工程序

O0503　程序名，用O及O后4位数表示

10　G0　X100　Z100　T0101　到换刀点，换1号刀，建立1号刀补，建立工件坐标系

20　G99　G96　M3 S80　F0.3　主轴正转，恒线速切削80m/min，每转切削进给0.3

25　G50　S2000　主轴最高速度值限制：2000r/min

30　G0　Z2　快速定位到$Z2$

40　　　X37　快速定位到$X37$（A点）

50　G90　X35.4　Z—54　G90切削循环

51　G0　X100　快速定位到$X100$

52　　　Z100　快速定位到$Z100$

53　T0303

54 G0 Z2 快速定位到 Z2

55 X37 快速定位到 X37（A 点）

60 G94 X10.4 Z−2.5 G94 切削循环

62 X10.4 Z−5 G94 切削循环

100 S120 F0.1 恒线速切削 120m/min，每转切削进给 0.1

110 G0 Z−50 快速定位到 Z−50

120 X37 快速定位到 X37 （A3 点）

130 G1 X35 精车，直线插补到 X35

140 Z−5 直线插补到 Z−5

150 X10 直线插补到 X10

160 Z2 直线插补到 Z2

170 G0 X100 快速定位到 X100

180 Z100 快速定位到 Z100

190 T0202 S50 F0.1 换 2 号刀，恒线速切削 50m/min，每转切削进给 0.1

200 G0 Z−54 快速定位到 Z−54

210 X37 快速定位到 X37

220 G1 X0 直线插补到 X0

230 G0 X100 快速定位到 X100

240 Z100 快速定位到 Z100

250 M30 程序结束，主轴停，冷却泵停，返回程序首

(5) 要点提示

① 加工路线是：先粗车外圆和端面，而后精车。

② 刀移动路线：A→B→C→D→X100（到换刀点）→A1→B1→C1→D1→A1→B2→C2→D1→A3→B3→C3→D3→X100（到换刀点）→D→E→X100（到换刀点）。

③ 注意 60 和 62 程序段，60 程序段要写 G94，而 62 程序段则不要写 G94。

④ G94 的每个程序段都走一个例如 A1→B1→C1→D1 的方

框，起点和终点都是 A1 点。

5.2.4 车锥圆

例题 5-4 被加工零件如图 5-7 所示。材料：45 钢 ϕ36×长 100，粗车、精车及切断刀具 YT5。

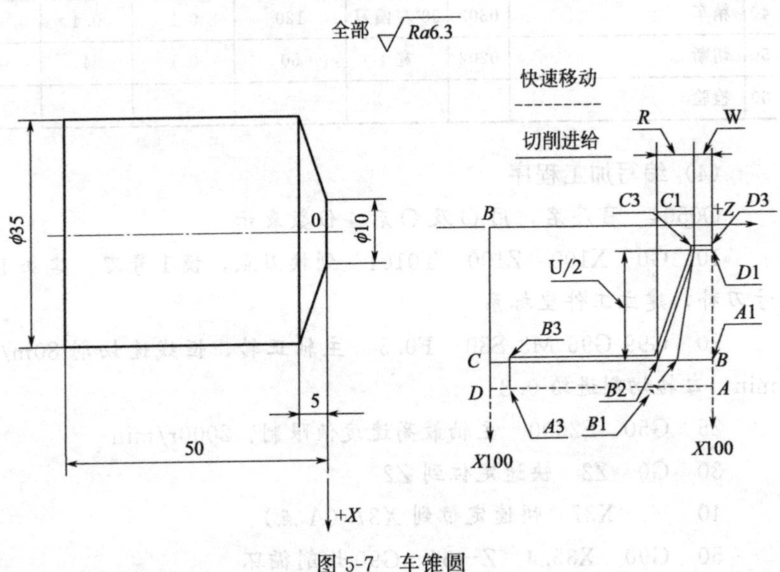

图 5-7 车锥圆

(1) 设定工件坐标系

工件右端面的中心点为坐标系的零点。

(2) 选定换刀点

点（X100，Z100）为换刀点。

(3) 写工序卡

见表 5-4。

表 5-4 工序卡（四）

工步号	工步内容	刀具号	刀具规格	切削速度 /m·min^{-1}	进给量 /mm·r^{-1}	背吃刀量 /mm	备注
10	粗车外圆 ϕ35.4 长 54	0101	90°右偏刀	80	0.3	1	
20	粗车锥端面 ϕ10.4R2.5	0303	90°左偏刀	80	0.3	2.5	

续表

工步号	工步内容	刀具号	刀具规格	切削速度 /m·min⁻¹	进给量 /mm·r⁻¹	背吃刀量 /mm	备注
30	粗车锥端面 $\phi10.4R5$	0303	90°左偏刀	80	0.3	2.5	
40	精车	0303	90°左偏刀	120	0.1	0.4	
50	切断	0202	宽 4	50	0.1	4	
60	检验						

(4) 编写加工程序

O0504　程序名，用 O 及 O 后 4 位数表示

10　G0　X100　Z100　T0101　到换刀点，换 1 号刀，建立 1 号刀补，建立工件坐标系

20　G99 G96 M3 S80　F0.3　主轴正转，恒线速切削 80m/min，每转切削进给 0.3

25　G50　S2000　主轴最高速度值限制：2000r/min

30　G0　Z2　快速定位到 $Z2$

40　　X37　快速定位到 $X37$（A 点）

50　G90　X35.4　Z−54　G90 切削循环

51　G0　X100　快速定位到 $X100$

52　　Z100　快速定位到 $Z100$

53　T0303

54　G0　Z2　快速定位到 $Z2$

55　　X37　快速定位到 $X37$（A 点）

60　G94　U−25　W−1.8　R−2.5　G94 切削圆锥循环

70　　U−25　W−1.8　R−5　G94 切削圆锥循环

80　G0　X100　快速定位到 $X100$

90　　Z100　快速定位到 $Z100$

100　　S120　F0.1　恒线速切削 120m/min，每转切削进给 0.1

110　G0　Z−50　快速定位到 $Z-50$

120　　X37　快速定位到 X37　（A3点）

130　G1　X35　精车，直线插补到 X35

140　　Z−5　直线插补到 Z−5

160　　X10　Z0 直线插补到 X10，Z0

162　　Z2　直线插补到 Z2

170　G0　X100　快速定位到 X100

180　　Z100　快速定位到 Z100

190　T0202　S50　F0.1　换2号刀，恒线速切削 50m/min，每转切削进给 0.1

200　G0　Z−54　快速定位到 Z−54

210　　X37　快速定位到 X37

220　G1　X0　直线插补到 X0

230　G0　X100　快速定位到 X100

240　　Z100　快速定位到 Z100

250　M30　程序结束，主轴停，冷却泵停，返回程序首

(5) 要点提示

① 加工路线是：先粗车外圆，圆锥，而后精车。

② 刀移动路线：A→B→C→D→X100（到换刀点）→A1→B1→C1→D1→A1→B2→C1→D1→A1→A3→B3→C3→D3→X100（到换刀点）→D→E→X100（到换刀点）。

③ 注意 60、70 程序段，60 程序段要写 G94，而 70 程序段则不要写 G94。

④ G94 的每个程序段都走一个例如 A1→B1→C1→D1 的方框，起点和终点都是 A1 点。

⑤ G94 车锥切削循环中：

U 的符号由 B1→C1 的 X 方向确定，车倒锥时，要求 |W|≥|R|，车正锥时不作要求。

W 的符号由 A1→B1 的 Z 方向确定。

R 的符号由 C1→B1 的 Z 方向确定。

第6章
多重循环编程

本章提要

1. 主要内容：轴向粗车循环 G71、径向粗车循环 G72、封闭切削循环 G73、精加工循环 G70、多重螺纹切削循环 G76 等指令的编程方法。

2. 学习目标：熟练掌握利用 G71、G72、G73、G70、G76 的编程方法，在实际工作中，应用最多的就是这些指令，它编程效率高，加工效率高，学生务必熟练掌握。

3. 学习方法：以看例题为主，当对例题有不理解的地方时，再看指令的详细介绍。

GSK980TD 的多重循环指令包括：轴向粗车循环 G71、径向粗车循环 G72、封闭切削循环 G73、精加工循环 G70、轴向切槽多重循环 G74、径向切槽多重循环 G75 及多重螺纹切削循环 G76。系统执行这些指令时，根据编程轨迹、进刀量、退刀量等数据自动计算切削次数和切削轨迹，进行多次进刀→切削→退刀→再进刀的加工循环，自动完成毛坯的粗、精加工，指令的起点和终点相同。

6.1 轴向粗车循环 G71

6.1.1 指令格式

G71 U(Δd)_ R(e)_

G71 P(ns)_ Q(nf)_ U(Δu)_ W(Δw)

Δd：X 轴背吃刀量（每次进刀量）半径值，单位 mm。

e：X 轴每次退刀量，半径值，单位 mm。

ns：精加工路径第一程序段的顺序号。

nf：精加工路径最后程序段的顺序号。

Δu：*X* 方向精加工余量，单位 mm，有符号。

Δw：*Z* 方向精加工余量，单位 mm，有符号。

6.1.2　指令说明

① 适用于非成形毛坯（棒料）的成形粗车。

② *ns* 至 *nf* 必须紧跟 G71 程序段后编写。

③ *ns* 程序段只能是不含 *Z*(W) 指令字的 G0、G1 指令，否则报警。

④ *ns* 至 *nf* 程序段不能有子程序调用指令（M98/M99）。

⑤ 精车轨迹 *ns* 至 *nf* 程序段，*X* 轴、*Z* 轴的尺寸都必须是单调变化（一直增大或一直减小）。

⑥ G71 指令适用于毛坯是棒料，长径比比例较大的外圆和内孔的粗车，G70 用于精车。

6.1.3　例题 6-1

被加工零件如图 6-1 所示。材料：45 钢，粗车 YT5，精车刀

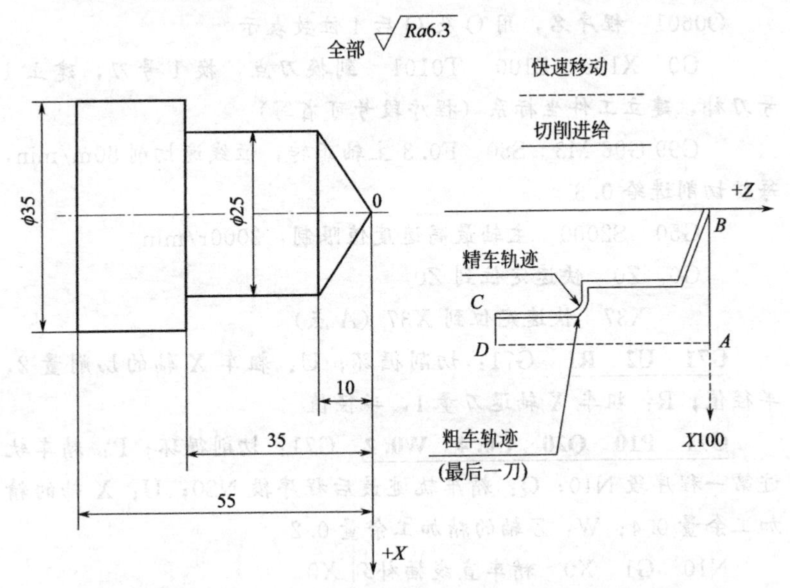

图 6-1　轴向粗车循环 G71 指令示意

具 YT15（不切断）。

（1）设定工件坐标系

工件右端面的中心点为坐标系的零点。

（2）选定换刀点

点（*X*100，*Z*100）为换刀点。

（3）写工序卡

见表 6-1。

表 6-1　工序卡（一）

工步号	工步内容	刀具号	刀具规格	切削速度 /m·min^{-1}	进给量 /mm·r^{-1}	背吃刀量 /mm	备注
10	粗车	0101	90°右偏刀	80	0.3	4	
40	精车	0404	90°右偏刀	120	0.1	0.4	
60	检验						

（4）编写加工程序

O0601　程序名，用 O 及 O 后 4 位数表示

G0　X100　Z100　T0101　到换刀点，换 1 号刀，建立 1 号刀补，建立工件坐标系（程序段号可省写）

G99 G96 M3　S80　F0.3 主轴正转，恒线速切削 80m/min，每转切削进给 0.3

G50　S2000　主轴最高速度值限制：2000r/min

G0　Z0　快速定位到 *Z*0

X37　快速定位到 *X*37（*A* 点）

G71　U2　R1　G71：切削循环；U：粗车 *X* 轴的切削量 2，半径值；R：粗车 *X* 轴退刀量 1，半径值

G71　P10　Q20　U0.4　W0.2　G71：切削循环；P：精车轨迹第一程序段 N10；Q：精车轨迹最后程序段 N20；U：*X* 轴的精加工余量 0.4；W：*Z* 轴的精加工余量 0.2

N10　G1　X0　精车直线插补到 *X*0

X25　Z−10

Z—35

X35

N20 Z—55

G0 X100 快速定位到 X100

Z100 快速定位到 Z100

T0404 S120 F0.1 换4号刀，恒线速切削 120m/min，每转切削进给 0.1

G0 Z0 快速定位到 Z0

X37 快速定位到 X37 （A 点）

G70 P10 Q20 G70：精车；P：精车轨迹第一程序段 N10；Q：精车轨迹最后程序段 N20

G0 X100 快速定位到 X100

Z100 快速定位到 Z100

M30 程序结束，主轴停，冷却泵停，返回程序首

（5）要点提示

① 加工路线是：先粗车外圆，而后精车。

② 刀移动路线：A→B→C→D→A（粗车最后一刀）→X100（到换刀点）→A→B→C→D→X100（到换刀点）。

③ 精车路线可改为 A→D→C→B→A，这时要用 90°左偏刀。优点是 X 向进刀方向与丝杠的推力方向一致，可减少 X 向误差，提高加工精度。

6.2 径向粗车循环 G72

6.2.1 指令格式

G72 W(Δd)_ R(e)_

G72 P(ns)_ Q(nf)_ U(Δu)_ W(Δw)

Δd：Z 轴背吃刀量（每次进刀量），单位 mm。

e：Z 轴每次退刀量，单位 mm。

ns：精加工路径第一程序段的顺序号。

nf：精加工路径最后程序段的顺序号。

Δu：X 方向精加工余量，单位 mm，有符号。

Δw：Z 方向精加工余量，单位 mm，有符号。

6.2.2 指令说明

① 适用于非成形毛坯（棒料）的成形粗车。

② ns 至 nf 必须紧跟 G72 程序段后编写。

③ ns 程序段只能是不含 X(U) 指令字的 G0、G1 指令，否则报警。

④ ns 至 nf 程序段不能有子程序调用指令（M98/M99）。

⑤ 精车轨迹 ns 至 nf 程序段，X 轴、Z 轴的尺寸都必须是单调变化（一直增大或一直减小）。

⑥ G72 指令适用于毛坯是棒料，长径比比例较小的外圆和内孔的粗车，G70 用于精车。

6.2.3 例题 6-2

被加工零件如图 6-2 所示。材料：45 钢，ϕ35.4 长 100，粗车

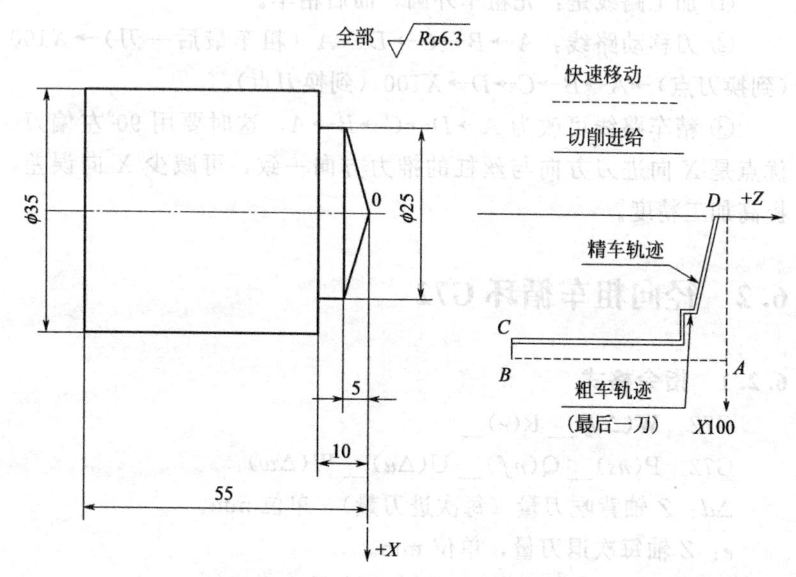

图 6-2 径向粗车循环 G72 指令示意

YT5，精车刀具 YT15（不切断）。

（1）设定工件坐标系

工件右端面的中心点为坐标系的零点。

（2）选定换刀点

点（X100，Z100）为换刀点。

（3）写工序卡

见表 6-2。

表 6-2　工序卡（二）

工步号	工步内容	刀具号	刀具规格	切削速度 /m·min^{-1}	进给量 /mm·r^{-1}	背吃刀量 /mm	备注
10	粗车	0101	90°左偏刀	80	0.3	2	
20	精车	0404	90°左偏刀	120	0.1	0.4	
30	检验						

（4）编写加工程序

O0602　程序名，用 O 及 O 后 4 位数表示

G0　X100　Z100　T0101　到换刀点，换 1 号刀，建立 1 号刀补，建立工件坐标系（程序段号可省写）

G99 G96 M3 S80　F0.3　主轴正转，恒线速切削 80m/min，每转切削进给 0.3

G50　S2000　主轴最高速度值限制：2000r/min

G0　Z0　快速定位到 Z0

X37　快速定位到 X37（A 点）

G72　W2　R1　G72：切削循环；W：粗车 Z 轴的切削量 2；R：粗车 Z 轴退刀量 1

G72　P10　Q20 U0.4 W0.2　G72：切削循环；P：精车轨迹第一程序段 N10；Q：精车轨迹最后程序段 N20；U：X 轴的精加工余量 0.4；W：Z 轴的精加工余量 0.2

N10　G0　Z—55　快速定位到 Z—55

G1　X35　精车直线插补到 X35

Z－10

X25

Z－5

N20　　X0　Z0

G0　X100　快速定位到 X100

Z100　快速定位到 Z100

T0404　S120　F0.1　换 4 号刀，恒线速切削 120m/min，每转切削进给 0.1

G0　Z0　快速定位到 Z0

X37　快速定位到 X37　（A 点）

G70　P10　Q20　G70：精车，P：精车轨迹第一程序段 N10；Q：精车轨迹最后程序段 N20

G0　X100　快速定位到 X100

Z100　快速定位到 Z100

M30　程序结束，主轴停，冷却泵停，返回程序首

（5）要点提示

① 加工路线是：先粗车外圆，而后精车。

② 刀移动路线：A→B→C→D→A（粗车最后一刀）→X100（到换刀点）→A→B→C→D→X100（到换刀点）。

6.3 封闭切削循环 G73

6.3.1 指令格式

G73　U(Δ*i*)__ W(Δ*k*)__ R(*d*)

G73　P(*ns*)__ Q(*nf*)__ U(Δ*u*)__ W(Δ*w*)__

Δ*i*：X 轴粗车总退刀量，半径值，单位 mm，有符号。

Δ*k*：Z 轴粗车总退刀量，单位 mm，有符号。

d：切削的次数。

ns：精加工路径第一程序段的顺序号。

nf：精加工路径最后程序段的顺序号。

Δu：X 方向精加工余量，单位 mm，有符号。

Δw：Z 方向精加工余量，单位 mm，有符号。

6.3.2 指令说明

① 适用于成形毛坯（铸件，锻件等）的成形粗车。

② *ns* 至 *nf* 必须紧跟 G73 程序段后编写。

③ *ns* 至 *nf* 程序段不能有子程序调用指令（M98/M99）。

④ 精车轨迹 *ns* 至 *nf* 程序段，*X* 轴、*Z* 轴的尺寸都必须是单调变化（一直增大或一直减小）。

⑤ G73 指令适用于毛坯是铸件、锻件等成形毛坯的粗车，G70 用于精车。

6.3.3 例题 6-3

被加工零件如图 6-3 所示。材料：45 钢（锻件），ϕ35.5 长 100，粗车 YT5，精车刀具 YT15（不切断）。

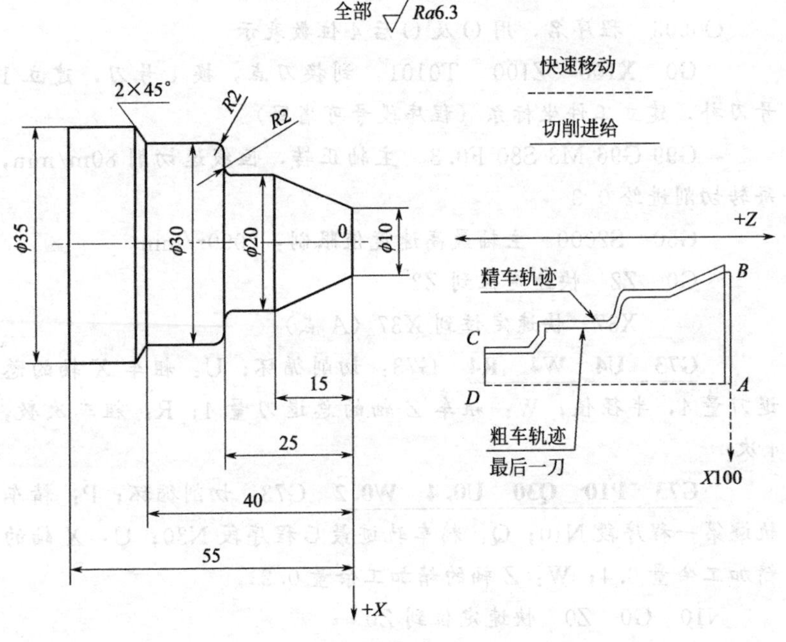

图 6-3 封闭切削循环 G73 指令示意

（1）设定工件坐标系

工件右端面的中心点为坐标系的零点。

（2）选定换刀点

点（X100，Z100）为换刀点。

（3）写工序卡

见表 6-3。

表 6-3 工序卡（三）

工步号	工步内容	刀具号	刀具规格	切削速度 /m·min^{-1}	进给量 /mm·r^{-1}	背吃刀量 /mm	备注
10	粗车	0101	90°右偏刀	80	0.3	2	
40	精车	0404	90°右偏刀	120	0.1	0.4	
60	检验						

（4）编写加工程序

O0603 程序名，用 O 及 O 后 4 位数表示

G0 X100 Z100 T0101 到换刀点，换 1 号刀，建立 1 号刀补，建立工件坐标系（程序段号可省写）

G99 G96 M3 S80 F0.3 主轴正转，恒线速切削 80m/min，每转切削进给 0.3

G50 S2000 主轴最高速度值限制：2000r/min

G0 Z2 快速定位到 Z2

X37 快速定位到 X37（A 点）

G73 U4 W4 R4 G73：切削循环；U：粗车 X 轴的总退刀量 4，半径值；W：粗车 Z 轴的总退刀量 4；R：粗车次数，4 次

G73 P10 Q30 U0.4 W0.2 G73：切削循环；P：精车轨迹第一程序段 N10；Q：精车轨迹最后程序段 N30；U：X 轴的精加工余量 0.4；W：Z 轴的精加工余量 0.2

N10 G0 Z0 快速定位到 Z0

G1 X10 精车直线插补到 X10

X20 Z－15
Z－23
G2 X24 Z－25 R2
G1 X26
G3 X30 Z－27 R2
G1 Z－40
X31
X35 Z－42
N30 Z－55
G0 X100 快速定位到 X100
Z100 快速定位到 Z100
T0404 S120 F0.1 换4号刀
G0 Z2 快速定位到 Z2
X37 快速定位到 X37 （A点）

G70 P10 Q30 G70：精车；P：精车轨迹第一程序段 N10；Q：精车轨迹最后程序段 N30

G0 X100 快速定位到 X100
Z100 快速定位到 Z100
M30 程序结束，主轴停，冷却泵停，返回程序首

（5）要点提示

① 加工路线是：先粗车外圆，而后精车。

② 刀移动路线：A→B→C→D→A（粗车最后一刀）→X100（到换刀点）→A→B→C→D→X100（到换刀点）。

6.4 精加工循环 G70

6.4.1 指令格式

G70 P(*ns*)Q(*nf*)

ns：精加工路径第一程序段的顺序号。

nf：精加工路径最后程序段的顺序号。

6.4.2 指令说明

① G70 必须在 *ns* 至 *nf* 程序段后编写。

② G70 指令应在执行完 G71 或 G72 或 G73 指令粗车后执行。

③ 执行 G70 指令时，*ns* 至 *nf* 程序段中的 F、S、T 有效。

应用例题见例题 6-1～例题 6-3。

说明：轴向切槽多重循环 G74 指令和径向切槽多重循环 G75 指令本书不作介绍，请参考各数控系统使用说明书。

第 7 章

螺纹切削循环

本章提要

1. 主要内容：介绍螺纹切削循环 G92、多重螺纹切削循环 G76 等指令的编程方法。

2. 学习目标：熟练掌握利用 G92、G76 的编程方法，在实际工作中，应用最多的就是这些指令，它编程效率高，加工效率高，务必熟练掌握。

3. 学习方法：以看例题为主，当对例题有不理解的地方时，再看指令的详细介绍。

7.1 直螺纹切削循环编程

7.1.1 指令格式

G92 X Z F(I) J K L

X，Z：切削终点绝对坐标。

F：公制螺纹螺距，单位 mm。

I：英制螺纹每英寸牙数。

J：螺纹退尾 *X* 轴向移动量（短轴），单位 mm。

K：螺纹退尾 *Z* 轴向移动量（长轴），单位 mm。

L：多头螺纹的头数。

7.1.2 指令说明

从切削起点开始，进行径向（*X* 轴）进刀，轴向切削，实现等螺距的直螺纹切削循环。

7.1.3 例题 7-1

被加工零件如图 7-1 所示。材料：45 钢，粗车，切槽，车螺纹刀具 YT5，精车刀具 YT15（不切断）。

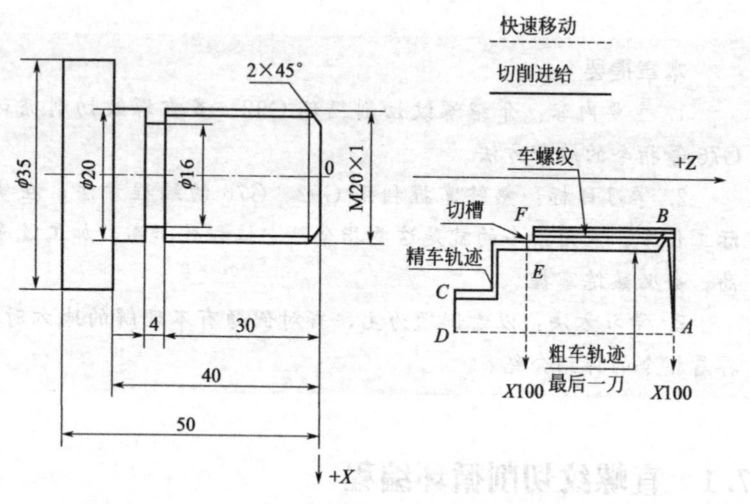

图 7-1　直螺纹切割循环编程示意

（1）设定工件坐标系

工件右端面的中心点为坐标系的零点。

（2）选定换刀点

点（X100，Z100）为换刀点。

（3）写工序卡

见表 7-1。

表 7-1　工序卡（一）

工步号	工步内容	刀具号	刀具规格	切削速度 /m·min^{-1}	进给量 /mm·r^{-1}	背吃刀量 /mm	备注
10	粗车外圆	0101	90°右偏刀	80	0.3	4	
20	精车外圆	0404	90°右偏刀	120	0.1	0.4	

续表

工步号	工步内容	刀具号	刀具规格	切削速度 /m·min^{-1}	进给量 /mm·r^{-1}	背吃刀量 /mm	备注
30	切槽	0202	90°右偏刀	50	0.1	4	
40	车螺纹	0303	90°右偏刀	500r·min^{-1}			
50	检验						

（4）编写加工程序

O0701　程序名，用 O 及 O 后 4 位数表示

G0　X100　Z100　T0101　到换刀点，换 1 号刀，建立 1 号刀补，建立工件坐标系（程序段号可省写）

G99 G96 M3 S80 F0.3　主轴正转，恒线速切削 80m/min，每转切削进给 0.3

G50　S2000　主轴最高速度值限制：2000r/min

G0　Z0　快速定位到 $Z0$

X37　快速定位到 $X37$（A 点）

<u>**G71　U2　R1**</u>　G71：切削循环；U：粗车 X 轴的切削量 2，半径值；R：粗车 X 轴退刀量 1，半径值

<u>**G71　P10　Q20　U0.4　W0.2**</u>　G71：切削循环；P：精车轨迹第一程序段 N10；Q：精车轨迹最后程序段 N20；U：X 轴的精加工余量 0.4；W：Z 轴的精加工余量 0.2

N10　G1　X16　精车直线插补到 $X16$

X20　Z−2

Z−40

X35

N20　Z−50

G0　X100　快速定位到 $X100$

Z100　快速定位到 $Z100$

T0404　S120　F0.1　换 4 号刀，恒线速切削 120m/min，

每转切削进给 0.1

G0 Z0 快速定位到 Z0

X37 快速定位到 X37 （A 点）

<u>**G70 P10 Q20**</u> G70： 精车；P：精车轨迹第一程序段 N10；Q：精车轨迹最后程序段 N20

G0 X100 快速定位到 X100

Z100 快速定位到 Z100

T0202 S50 F0.1 换 2 号刀

G0 Z34 快速定位到 Z—34

X22 快速定位到 X22

G1 X16 直线插补到 X16

G4 P20 停 0.02s

G1 X22 直线插补到 X22

G0 X100 快速定位到 X100

Z100 快速定位到 Z100

T0303 G97 S500 换 3 号刀，恒转速切削，主轴 500r/min

G0 Z2 快速定位到 Z2

X22 快速定位到 X22

<u>**G92 X19.3 Z－32 F1**</u> G92：螺纹切削循环；X，Z：螺纹切削终点坐标；F：公制螺距 1

X18.9

X18.7

G0 X100 快速定位到 X100

Z100 快速定位到 Z100

M30 程序结束，主轴停，冷却泵停，返回程序首

（5）要点提示

① 加工路线是：先粗车外圆，而后精车。

② 刀移动路线：A→B→C→D→A（粗车最后一刀）→X100（到换刀点）→A→B→C→D→X100（到换刀点）→E→F→X100

（到换刀点）→A 车螺纹→$X100$（到换刀点）。

③ 精车路线可改为 A→D→C→B→A，这时要用90°左偏刀。优点是 X 向进刀方向与丝杠的推力方向一致，可减少 X 向误差，提高加工精度。

④ 注意G92车螺纹循环编程的应用。

a. 车螺纹的起点在 $Z2$，一般要求距螺纹起点不小于一个螺距；车螺纹的终点在 $Z-32$，在有退刀槽时，车螺纹的终点在退刀槽的中点，无退刀槽而有退尾要求时，按退尾要求执行，无退刀槽又无退尾要求时，按螺纹标注的尺寸执行。

b. G92指令车直螺纹时，只在第一程序段写G92，以后各段只写螺纹终点 X 坐标值。

7.2 锥螺纹切削循环编程

7.2.1 指令格式

G92 U W R F(I) J K L

U、W、R的含义见图7-2，其切削循环路线为 A—B—C—D—A。

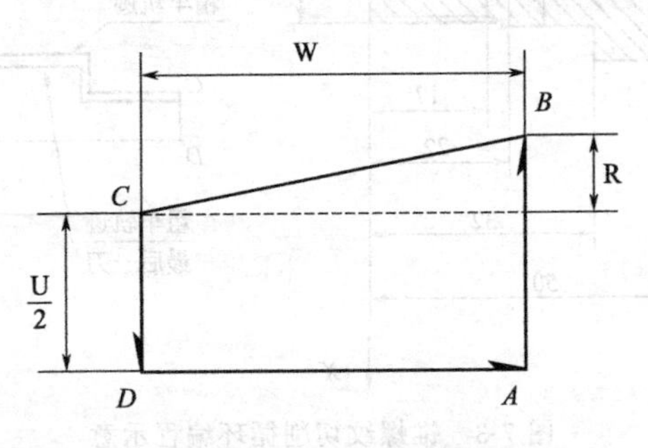

图7-2 G92走刀路径

U的符号由 A—B 的 X 向确定。

W的符号由 B—C 的 Z 向确定。

R的符号由 C—B 的 X 向确定。

J：螺纹退尾 X 轴向移动量（短轴），单位 mm。

K：螺纹退尾 Z 轴向移动量（长轴），单位 mm。

L：多头螺纹的头数。

当 R 与 U 的符号不一致时，要求$|R|\leqslant|U/2|$。

7.2.2 指令说明

从切削起点开始，进行径向（X 轴）进刀，轴向（X、Z 轴同时）切削，实现等螺距的锥螺纹切削循环。见图 7-2。

7.2.3 例题 7-2

被加工零件如图 7-3 所示。材料：45 钢，粗车，车螺纹刀具 YT5，精车刀具 YT15（不切断，内孔已加工好）。

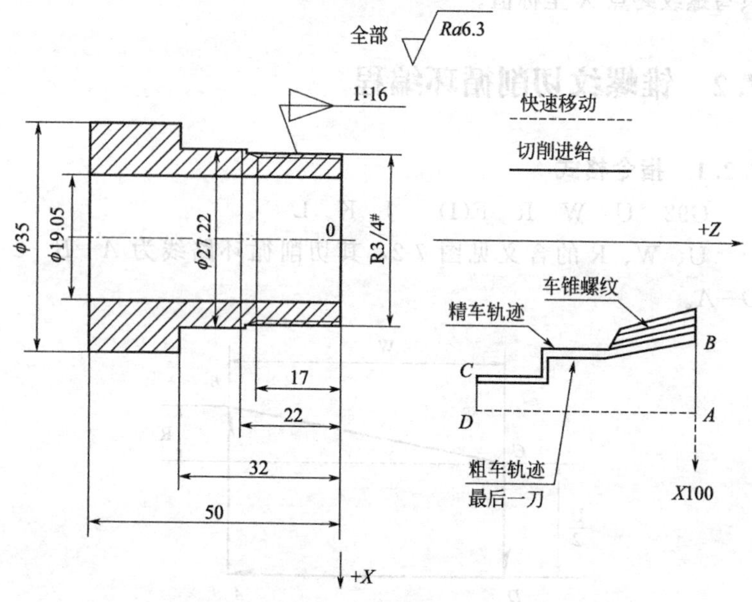

图 7-3 锥螺纹切削循环编程示意

（1）设定工件坐标系

工件右端面的中心点为坐标系的零点。

（2）选定换刀点

点（X100，Z100）为换刀点。

（3）写工序卡

见表 7-2。

表 7-2　工序卡（二）

工步号	工步内容	刀具号	刀具规格	切削速度 /m·min⁻¹	进给量 /mm·r⁻¹	背吃刀量 /mm	备注
10	粗车外圆	0101	90°右偏刀	80	0.3	4	
20	精车外圆	0404	90°右偏刀	120	0.1	0.4	
30	车螺纹	0303	55°刀	车螺纹 500 r/min			
40	检验						

有退尾的锥螺纹刀尖轨迹见图 7-4。

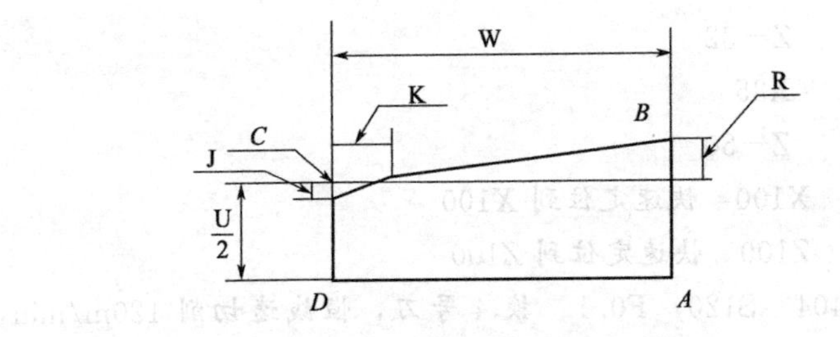

图 7-4　有退尾的锥螺纹刀尖轨迹

（4）数学计算

① 已知：1∶16 锥圆大端外径 27.22、螺纹根径（即计算螺纹根径）24.9，螺距 14 牙/英寸，牙型高 1.16，*Z* 轴退尾 K＝5，*X* 轴退尾 J＝1.16。

② 计算：车螺纹的起点放在 *Z*5 处，*Z*5 处的外径 25.53、螺纹根径 23.21。

（5）编写加工程序

O0702　程序名，用 O 及 O 后 4 位数表示

G0　X100　Z100　T0101　到换刀点，换 1 号刀，建立 1 号刀补，建立工件坐标系（程序段号可省写）

G96　G99　M3　S80　F0.3　主轴正转，恒线速切削80m/min，每转切削进给0.3

G50　S2000　主轴最高速度值限制：2000r/min

G0　Z5　快速定位到 Z5

X37　快速定位到 X37（A 点）

G71　U2　R1　G71：切削循环；U：粗车 X 轴的切削量2，半径值；R：粗车 X 轴退刀量1，半径值

G71　P10　Q20　U0.4　W0.2　G71：切削循环；P：精车轨迹第一程序段 N10；Q：精车轨迹最后程序段 N20；U：X 轴的精加工余量0.4；W：Z 轴的精加工余量0.2

N10　G1　X25.53　精车直线插补到 X25.53

X27.22　Z－22

Z－32

X35

N20　Z－50

G0　X100　快速定位到 X100

Z100　快速定位到 Z100

T0404　S120　F0.1　换4号刀，恒线速切削120m/min，每转切削进给0.1

G0　Z5　快速定位到 Z5

X37　快速定位到 X37　（A 点）

G70　P10　Q20　G70：　精车；P：精车轨迹第一程序段 N10；Q：精车轨迹最后程序段 N20

G0　X100　快速定位到 X100

Z100　快速定位到 Z100

T0303　G97　S500　换3号刀，主轴500r/min

G0　Z5　快速定位到 Z5

X29　快速定位到 X29

G92　U－2.8　W－27　R－0.844　I14　J1.16　K5

(L1)　G92：螺纹切削循环；U、W：分别是螺纹切削终点与

起点的X轴向、Z轴向的绝对坐标差值；R：螺纹起点与终点半径差；I：英制螺距每英寸14牙；J：X轴退尾=1.16；K：Z轴退尾=5；L：多头螺纹的头数1，L1可省写，此例加括号说明

G92　U－3.6　W－27　R－0.844　I14　J1.16　K5

G92　U－4.1　W－27　R－0.844　I14　J1.16　K5

G0　X100　快速定位到X100

　　Z100　快速定位到Z100

M30　程序结束，主轴停，冷却泵停，返回程序首

(6) 要点提示

① 加工路线是：先粗车外圆，而后精车。

② 刀移动路线：A→B→C→D→A（粗车最后一刀）→X100（到换刀点）→A→B→C→D→X100（到换刀点）→（X29，Z5）车螺纹→X100（到换刀点）。

③ 精车路线可改为A→D→C→B→A，这时要用90°左偏刀。优点是X向进刀方向与丝杠的推力方向一致，可减少X向误差，提高加工精度。

④ 注意G92车螺纹循环编程的应用：车螺纹的起点在Z5，一般要求距螺纹起点不小于一个螺距；车螺纹的终点在Z－22，在有退刀槽时，车螺纹的终点在退刀槽的中点，无退刀槽而有退尾要求时，按退尾要求执行，无退刀槽又无退尾要求时，按螺纹标注的尺寸执行。

⑤ G32车螺纹指令的退尾J和K使用与G92相同，车锥螺纹时和车直螺纹时使用方法相同。

⑥ G92指令车削多头螺纹时是同时车削各头，而G32指令车削多头螺纹是用Q指定各头的起始角，一般先车好一头，再车其余各头。

⑦ 图7-4是G92指令的一个程序段的走刀路线，图中A是起点和终点，C点是螺纹计算根径终点，R是螺纹起点与终点半径差，J是X轴退尾，K是Z轴退尾。

U 的符号由 A—B 的 X 向确定；
W 的符号由 B—C 的 Z 向确定；
R 的符号由 C—B 的 X 向确定。

7.3 多重螺纹切削循环编程

7.3.1 多重螺纹切削循环（切直螺纹）

（1）指令格式

G76 P(m)(r)(a) Q(Δd_{min}) R(d)

G76 X Z P(k) Q(Δd) F(I)

X，Z：螺纹切削终点绝对坐标。

m：螺纹精车次数。

r：螺纹退尾长度（单位：0.1×螺距）。

a：相邻两牙螺纹的夹角。

Δd_{min}：螺纹粗车时的最小切削量（单位：0.001mm，半径值）。

d：螺纹精车的总切削量（单位：0.001mm，半径值）。

k：螺纹牙高（单位：0.001mm，半径值）。

Δd：第一次螺纹切削深度（单位：0.001mm，半径值）。

F：公制螺纹螺距（单位：mm）。

I：英制螺纹每英寸牙数。

（2）指令说明

G76 指令具有随刀具的 X 向进刀 Z 向根据牙型角同时进刀的功能，可做到单面刃螺纹切削，吃刀量逐渐减小，有利于保护刀具，有利于提高螺纹精度，但由于另一刃始终紧靠牙型的另一面，当螺距很大时，刀的受力仍较大，所以，它一般适用于螺距大于 2 而小于 6 的场合，螺距小于 2 时，可用 G92 指令直进方式，而螺距大于 6 时，则用 G92 指令采取左右靠刀的办法加工。

切入方法的详细情况见图 7-5。

（3）例题 7-3

被加工零件如图 7-1 所示。材料：45 钢，粗车，切槽，车螺

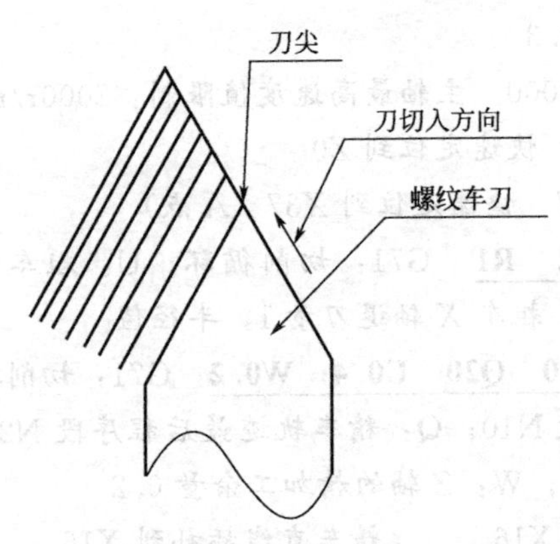

图 7-5　切入方法

纹刀具 YT5，精车刀具 YT15（不切断）

① 设定工件坐标系：工件右端面的中心点为坐标系的零点。

② 选定换刀点：点（*X*100，*Z*100）为换刀点。

③ 写工序卡，见表 7-3。

表 7-3　工序卡（三）

工步号	工步内容	刀具号	刀具规格	切削速度 /m·min^{-1}	进给量 /mm·r^{-1}	背吃刀量 /mm	备注
10	粗车外圆	0101	90°右偏刀	80	0.3	4	
20	精车外圆	0404	90°右偏刀	120	0.1	0.4	
30	切槽	0202	90°右偏刀	50	0.1	4	
40	车螺纹	0303		车螺纹 500 r·min^{-1}			
50	检验						

④ 编写加工程序

O0703　程序名，用 O 及 O 后 4 位数表示

G0　X100　Z100　T0101　到换刀点，换 1 号刀，建立 1 号刀补，建立工件坐标系（程序段号可省写）

G99 G96 M3 S80 F0.3　主轴正转，恒线速切削 80m/min，

每转切削进给0.3

G50 S2000 主轴最高速度值限制：2000r/min

G0 Z0 快速定位到 $Z0$

X37 快速定位到 $X37$（A 点）

G71 U2 R1 G71：切削循环；U：粗车 X 轴的切削量2，半径值；R：粗车 X 轴退刀量1，半径值

G71 P10 Q20 U0.4 W0.2 G71：切削循环；P：精车轨迹第一程序段N10；Q：精车轨迹最后程序段N20；U：X 轴的精加工余量0.4；W：Z 轴的精加工余量0.2

N10 G1 X16 精车直线插补到 $X16$

X20 Z−2

Z−40

X35

N20 Z−50

G0 X100 快速定位到 $X100$

Z100 快速定位到 $Z100$

T0404 S120 F0.1 换4号刀，恒线速切削120m/min，每转切削进给0.1

G0 Z0 快速定位到 $Z0$

X37 快速定位到 $X37$ （A 点）

G70 P10 Q20 G70：精车；P：精车轨迹第一程序段N10；Q：精车轨迹最后程序段N20

G0 X100 快速定位到 $X100$

Z100 快速定位到 $Z100$

T0202 S50 F0.1 换2号刀

G0 Z−34 快速定位到 $Z-34$

X22 快速定位到 $X22$

G1 X16 直线插补到 $X16$

G4 P20 停0.02s

G1 X22 直线插补到 $X22$

G0 X100 快速定位到 X100

Z100 快速定位到 Z100

T0303 G97 S500 换3号刀，恒转速切削，主轴500r/min

G0 Z5 快速定位到 Z5

X22 快速定位到 X22

G76 P 01 05 60 Q100 R0.05 G76：螺纹切削多重循环；P：0 1＝螺纹精车1次，05＝螺纹退尾长度（单位0.1×螺距），60＝螺纹牙型角60度；Q：100＝螺纹粗车最小切削量（单位：0.001mm，半径值）；R：0.05＝螺纹精车的总切削量（单位：mm，半径值）

G76 X18.7 Z－32 P0.65 Q350 F1 G76：螺纹切削多重循环；X，Z：分别是螺纹切削终点与起点的 X 轴向、Z 轴向的绝对坐标差值；P：螺纹牙高，单位mm，Q：第一次螺纹切削深度（单位：0.001mm，半径值）；F1：公制螺距1

G0 X100 快速定位到 X100

Z100 快速定位到 Z100

M30 程序结束，主轴停，冷却泵停，返回程序首

⑤ 要点提示

a. 加工路线是：先粗车外圆，而后精车。

b. 刀移动路线：A→B→C→D→A（粗车最后一刀）→X100（到换刀点）→A→B→C→D→X100（到换刀点）→E→F→X100（到换刀点）→A 车螺纹→X100（到换刀点）。

c. 精车路线可改为 A→D→C→B→A，这时要用90°左偏刀。优点是 X 向进刀方向与丝杠的推力方向一致，可减少 X 向误差，提高加工精度。

d. 注意G76车螺纹多重循环编程的应用：车螺纹的起点在 Z5，一般要求距螺纹起点不小于一个螺距；车螺纹的终点在 Z－22，在有退刀槽时，车螺纹的终点在退刀槽的中点，无退刀槽而有退尾要求时，按退尾要求执行，无退刀槽又无退尾要求时，按螺纹标注的尺寸执行。

7.3.2 多重螺纹切削循环（切锥螺纹）

（1）指令格式

G76 P(m)(r)(a) Q(Δd_{min}) R(d)

G76 U W R(i) P(k) Q(Δd) F(I)

U，W：螺纹切削终点与起点的绝对坐标差值。

m：螺纹精车次数。

r：螺纹退尾长度（单位：0.1×螺距）。

a：相邻两牙螺纹的夹角。

Δd_{min}：螺纹粗车时的最小切削量（单位：0.001mm，半径值）。

d：螺纹精车的总切削量（单位：0.001mm，半径值）。

i：螺纹锥度（半径值）。

k：螺纹牙高（单位：0.001mm，半径值）。

Δd：第一次螺纹切削深度（单位：0.001mm，半径值）。

F：公制螺纹螺距（单位：mm）。

I：英制螺纹每英寸牙数。

（2）指令说明

G76 指令具有随刀具的 X 向进刀 Z 向根据牙型角同时进刀的功能，可做到单面刃螺纹切削，吃刀量逐渐减小，有利于保护刀具，有利于提高螺纹精度，但由于另一刃始终紧靠牙型的另一面，当螺距很大时，刀的受力仍较大，所以，它一般适用于螺距大于 2 而小于 6 的场合，螺距小于 2 时，可用 G92 指令直进方式，而螺距大于 6 时，则用 G92 指令采取左右靠刀的办法加工。

（3）例题 7-4

被加工零件如图 7-3 所示。材料：45 钢，粗车，车螺纹刀具 YT5，精车刀具 YT15（不切断，内孔已加工好）。

① 设定工件坐标系：工件右端面的中心点为坐标系的零点。

② 选定换刀点：点（X100，Z100）为换刀点。

③ 写工序卡，见表 7-4。

表7-4 工序卡（四）

工步号	工步内容	刀具号	刀具规格	切削速度 /m·min^{-1}	进给量 /mm·r^{-1}	背吃刀量 /mm	备注
10	粗车外圆	0101	90°右偏刀	80	0.3	4	
20	精车外圆	0404	90°右偏刀	120	0.1	0.4	
30	车螺纹	0303	55°刀	车螺纹 500 r/min			
40	检验						

④ 编写加工程序

O0704　程序名，用O及O后4位数表示

G0　X100　Z100　T0101　到换刀点，换1号刀，建立1号刀补，建立工件坐标系（程序段号可省写）

G96　G99　M3　S80　F0.3　主轴正转，恒线速切削80m/min，每转切削进给0.3

G0　Z5　快速定位到 *Z*5

X37　快速定位到 *X*37（*A* 点）

G71　U2　R1　G71：切削循环；U：粗车 *X* 轴的切削量2，半径值；R：粗车 *X* 轴退刀量1，半径值

G71　P10　Q20　U0.4　W0.2　G71：切削循环；P：精车轨迹第一程序段N10；Q：精车轨迹最后程序段N20；U：*X* 轴的精加工余量0.4；W：*Z* 轴的精加工余量0.2

N10　G1　X25.53　精车直线插补到 *X*25.53

X27.22　Z−22

Z−32

X35

N20　Z−50

G0　X100　快速定位到 *X*100

Z100　快速定位到 *Z*100

T0404　S120　F0.1　换4号刀，恒线速切削120m/min，

每转切削进给 0.1

G0 Z5 快速定位到 $Z5$

X37 快速定位到 $X37$ （A 点）

G70 P10 Q20 G70：精车；P：精车轨迹第一程序段 N10；Q：精车轨迹最后程序段 N20

G0 X100 快速定位到 $X100$

Z100 快速定位到 $Z100$

T0303 G97 S500 换 3 号刀，主轴 500r/min

G0 Z5 快速定位到 $Z5$

X29 快速定位到 $X29$

G76 P 02 27 55 Q50 R0.1 G76：螺纹切削多重循环；P：0 2＝螺纹精车 2 次，27＝螺纹退尾长度（单位：0.1×螺距），55＝螺纹牙型角 55°；Q：50＝螺纹粗车最小切削量（单位：0.001mm，半径值）；R：0.1＝螺纹精车的总切削量（单位：mm，半径值）

G76 U－4.1 W－27 R－0.845 P1.16 Q900 I14 G76：螺纹切削多重循环；U、W：分别是螺纹切削终点与起点的 X 轴向、Z 轴向的绝对坐标差值；R：螺纹起点与终点半径差；P：螺纹牙高；Q：第一次螺纹切削深度（单位：0.001mm，半径值）；I：英制螺距每英寸 14 牙

G0 X100 快速定位到 $X100$

Z100 快速定位到 $Z100$

M30 程序结束，主轴停，冷却泵停，返回程序首

⑤ 要点提示

a. 加工路线是：先粗车外圆，而后精车。

b. 刀移动路线：A→B→C→D→A（粗车最后一刀）→$X100$（到换刀点）→A→B→C→D→$X100$（到换刀点）→（$X29$，$Z5$）车螺纹→$X100$（到换刀点）。

c. 精车路线可改为 A→D→C→B→A，这时要用 90°左偏刀。优点是 X 向进刀方向与丝杠的推力方向一致，可减少 X 向误差，

提高加工精度。

d. 注意 G76 车螺纹多重循环编程的应用：车螺纹的起点在 $Z5$，一般要求距螺纹起点不小于一个螺距；车螺纹的终点在 $Z-22$，在有退刀槽时，车螺纹的终点在退刀槽的中点，无退刀槽而有退尾要求时，按退尾要求执行，无退刀槽又无退尾要求时，按螺纹标注的尺寸执行。

⑥ 变螺距螺纹切削指令 G34 和 Z 轴攻螺纹循环 G33 指令本书不作介绍，请参见系统使用说明书。

第 8 章

子程序应用

本章提要

1. 主要内容：介绍子程序 M98、M99 等指令的编程方法。

2. 学习目标：熟练掌握利用 M98、M99 等指令编程方法，在实际工作中，应用子程序，能大大减少编程工作量，它编程效率高，加工效率高，务必熟练掌握。

3. 学习方法：以看例题为主，当对例题有不理解的地方时，再看指令的详细介绍。

子程序的应用可减少程序段，提高编程效率，对于有重复动作的场合，特别对于单件生产又中凸或中凹的复杂形状的零件，使用子程序编程，更显示其优越性。

被加工零件如图 8-1 所示。材料：45 钢，粗车及切断刀具 YT5，精车刀具 YT15。生产规模：单件生产。

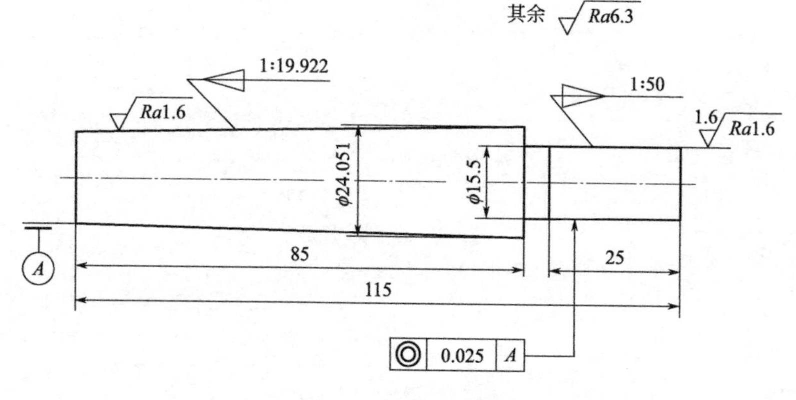

图 8-1　被加工零件

8.1 工作步骤

(1) 设定工件坐标系

工件右端面的中心点为坐标系的零点。

(2) 选定换刀点

点 (X150, Z1) 为换刀点。

(3) 写工序卡

见表 8-1。

表 8-1 工序卡

工步号	工步内容	刀具号	刀具规格	切削速度 /m·min⁻¹	进给量 /mm·r⁻¹	背吃刀量/mm	备注
10	粗车右端	0101	60°右偏刀	80	0.3	4	
20	粗车左端		60°右偏刀	80	0.3	2	
30	精车	0404	60°右偏刀	120	0.1	0.4	
40	切断	0202	宽 4	50	0.1	4	
50	检验						

(4) 计算

① 1：50 锥度的小端直径 15.0。

② 1：19.22 锥度的小端直径 19.78。

(5) 编写加工程序

主程序：

O0802 程序名，用 O 及 O 后 4 位数表示，主程序

G0 X150 Z1 T0101 到换刀点，换 1 号刀，建立 1 号刀补，建立工件坐标系

G96 G99 M3 S80 F0.3 主轴正转，恒线速切削 80m/min，每转切削进给 0.3

G50 S2000 主轴最高速度值限制：2000r/min

G0 Z0 快速定位到 Z0

X28　快速定位到 $X28$

<u>**G71　U2　R1**</u>　G71：切削循环；U：粗车 X 轴的切削量 2，半径值；R：粗车 X 轴退刀量 1，半径值

<u>**G71　P10　Q20　U0.4　W0.2**</u>　G71：切削循环；P：精车轨迹第一程序段 N10；Q：精车轨迹最后程序段 N20；U：X 轴的精加工余量 0.4；W：Z 轴的精加工余量 0.2

N10　G1　X15　精车直线插补到 $X15$

X15.5　Z−25　直线插补到 $X15.5$　$Z-25$

Z−30　直线插补到 $Z-30$

X24.451　直线插补到 $X24.451$

Z−119

N20　X28

G0　Z−30　快速定位到 $Z-30$

X30.451　快速定位到 $X30.451$

<u>**M98　P30811**</u>

G0　X150　快速定位到 $X150$

Z1　快速定位到 $Z1$

T0404　S120　F0.1　换 4 号刀

G0　Z0　快速定位到 $Z0$

X17　快速定位到 $X17$

G1　X15　直线插补到 $X15$

X15.5　Z−25　直线插补到 $X15.5$　$Z-25$

Z−30　直线插补到 $Z-30$

X24.051　直线插补到 $X24.051$

X19.784　Z−115　直线插补到 $X19.784$　$Z-115$

G0　X150　快速定位到 $X150$

Z1　快速定位到 $Z1$

T0202　S50　F0.1　换 2 号刀

G0　X27　快速定位到 $X27$

Z−119　快速定位到 $Z-119$

G1　X0　直线插补到 $X0$

G0　X150　快速定位到 $X150$

Z1　快速定位到 $Z1$

M30　程序结束，主轴停，冷却泵停，返回程序首

子程序：

O0811　程序名，用 O 及 O 后 4 位数表示

G1　U－2　直线插补到 $U-2$

U－4.267　W－85　直线插补到　$U-4.267$　$W-85$

G0　U2　快速定位到 $U2$

U4.267　W85　快速定位到 $U4.267$　$W85$

U－2　快速定位到 $U-2$

M99

8.2　要点提示

① 本例背吃刀量小于 4 和小于 2。

② 子程序用于粗车，M98 指令：子程序调用，M99 指令：子程序返回。P 后“3”：调用子程序 3 次，“0811”：子程序号。

③ 这个例题，在子程序中使用相对坐标编程，第一程序段的“U－2”是每次进刀量。其余程序段的 U＋和 U－的和＝0；W＋和 W－的和＝0。

④ 注意本例的换刀点因有尾座设在 $X150$，$Z1$，避免大拖板、刀等与尾座相撞。

⑤ 注意执行子程序前的起点 $X26.184$，$Z-29.8$，是 X 向留 0.4、Z 向留 0.2 精加工量。

第 9 章 刀尖半径补偿

本章提要

1. 主要内容：介绍 G40、G41、G42 等指令的编程方法。

2. 学习目标：熟练掌握利用 G40、G41、G42 等指令编程方法，在实际工作中，当加工锥圆、圆弧时，如果精度要求较高，必须使用刀尖半径补偿，务必熟练掌握。

3. 学习方法：以看例题为主，当对例题有不理解的地方时，再看指令的详细介绍。

9.1 刀尖半径补偿指令

9.1.1 刀尖半径补偿概念

零件的加工程序一般是以理想刀尖，按零件图纸编制，但实际车刀不是一个理想刀尖，而是一段圆弧，加工时，实际点与理想点之间的位置有偏差，在车削内外圆柱面或端面时，刀尖圆弧的大小并不影响圆柱面的形状和尺寸。在加工圆锥、曲面或圆弧时，会造成过切或少切，影响零件的精度。因此，数控系统的刀具半径补偿功能，允许编程时以假想刀尖位置编程，然后给出刀尖圆弧半径和假想刀尖号码，由系统自动计算补偿值，生成刀具路径，完成对工件的合理加工。过切削和欠切削现象的产生见图 9-1。

9.1.2 刀尖半径补偿的规定

(1) 假想刀尖号码

根据刀尖方向规定了假想刀尖号码。见表 9-1。

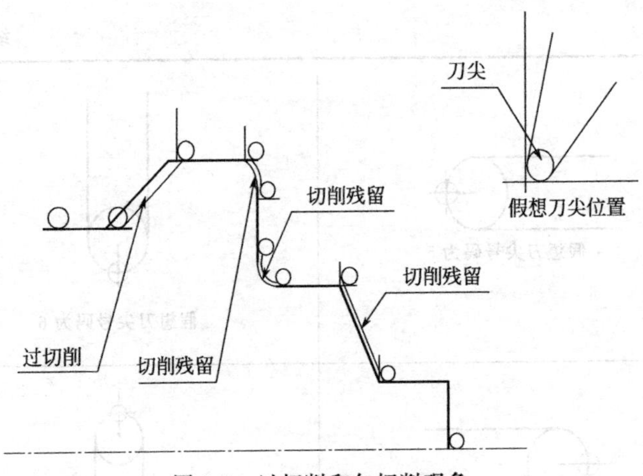

图 9-1　过切削和欠切削现象

表 9-1　假想刀尖号码

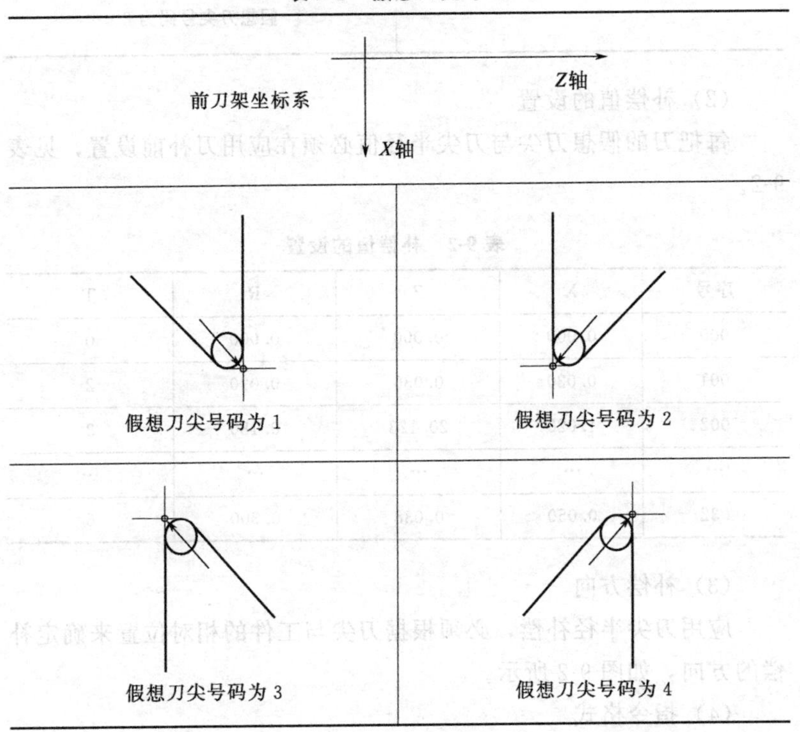

续表

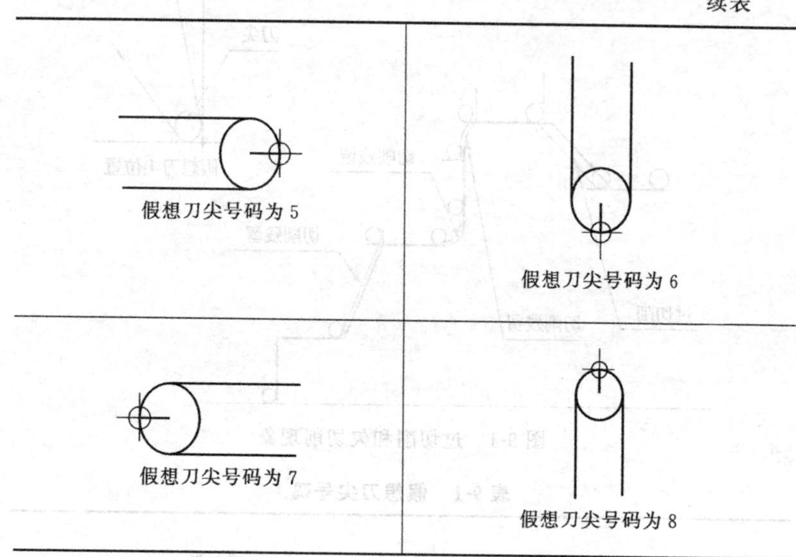

（2）补偿值的设置

每把刀的假想刀尖与刀尖半径值必须在应用刀补前设置，见表 9-2。

表 9-2　补偿值的设置

序号	X	Z	R	T
000	0.000	0.000	0.000	0
001	0.020	0.030	0.020	2
002	1.020	20.123	0.180	3
…	…	…	…	…
032	0.050	0.038	0.300	6

（3）补偿方向

应用刀尖半径补偿，必须根据刀尖与工件的相对位置来确定补偿的方向，如图 9-2 所示。

（4）指令格式

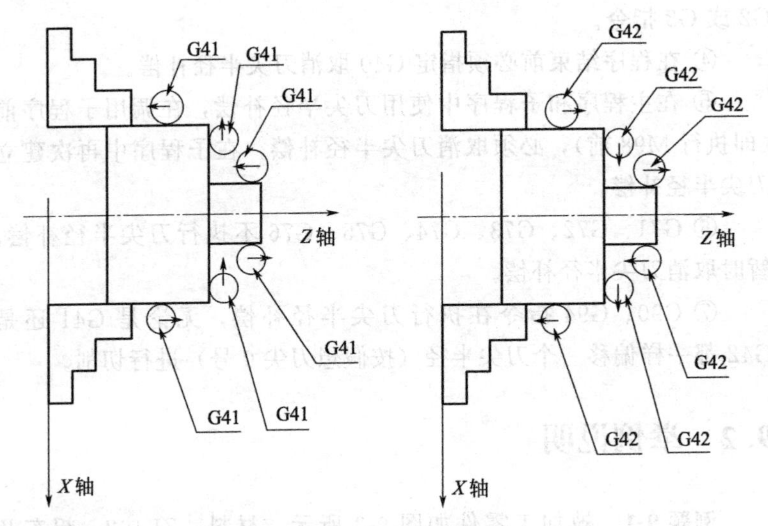

图 9-2　补偿方向

G40　G0　X　Z　T

G40　G1　X　Z　T

G41　G0　X　Z　T

G41　G1　X　Z　T

G42　G0　X　Z　T

G42　G1　X　Z　T

(5) 功能说明

G40：取消刀尖半径补偿。

G41：后刀座坐标系中 G41 指定是左刀补，前刀座坐标系中 G41 指定是右刀补。

G42：后刀座坐标系中 G42 指定是右刀补，前刀座坐标系中 G42 指定是左刀补。

(6) 注意事项

① 初始状态处于刀尖半径补偿取消方式。

② 刀尖半径 R 不能输入负值。

③ 刀尖半径补偿的建立与撤销只能用 G0 或 G1 指令，不能是

G2 或 G3 指令。

④ 在程序结束前必须指定 G40 取消刀尖半径补偿。

⑤ 在主程序和子程序中使用刀尖半径补偿，在调用子程序前（即执行 M98 前），必须取消刀尖半径补偿，在子程序中再次建立刀尖半径补偿。

⑥ G71、G72、G73、G74、G75、G76 不执行刀尖半径补偿，暂时取消刀尖半径补偿。

⑦ G90、G94 指令在执行刀尖半径补偿，无论是 G41 还是 G42 都一样偏移一个刀尖半径（按假想刀尖 0 号）进行切削。

9.2 举例说明

例题 9-1 被加工零件如图 9-3 所示。材料：ZL102，粗车及切断刀具 YT5，精车刀具 YT15。

9.2.1 工作步骤

（1）设定工件坐标系

工件右端面的中心点为坐标系的零点。

（2）选定换刀点

点（*X*100，*Z*100）为换刀点。

（3）写工序卡

见表 9-3。

表 9-3 工序卡

工步号	工步内容	刀具号	刀具规格	切削速度 /m·min^{-1}	进给量 /mm·r^{-1}	背吃刀量 /mm	备注
10	粗车外圆 ϕ35.4 长 54	0101	90°右偏刀	150	0.3	2	
20	粗车外圆 ϕ30.4 长 14.8，粗车圆锥	0101	90°右偏刀	150	0.3	5	
30	粗车圆弧，第一刀	0101	90°右偏刀	150	0.3	10	
40	粗车圆弧，第二刀	0101	90°右偏刀	150	0.3	10	
50	粗车圆弧，第三刀	0101	90°右偏刀	150	0.3	10	

续表

工步号	工步内容	刀具号	刀具规格	切削速度 /m·min^{-1}	进给量 /mm·r^{-1}	背吃刀量 /mm	备注
60	精车	0404	90°右偏刀	200	0.1	0.8	
70	切断	0202	宽 4	100	0.1	4	
80	检验						

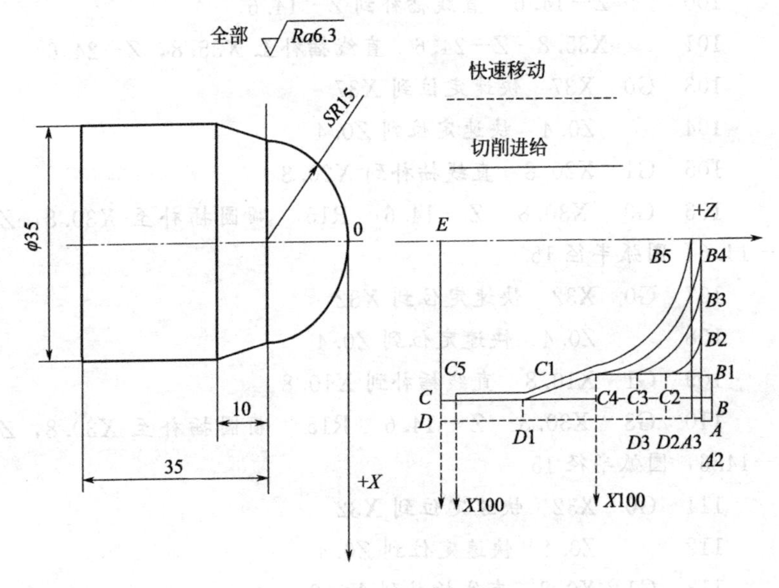

图 9-3　例题 9-1 图

（4）编写加工程序

O0901　程序名，用 O 及 O 后 4 位数表示

10　G0　X100　Z100　T0101　到换刀点，换 1 号刀，建立 1 号刀补，建立工件坐标系

20　G99　G96　M3　S150　F0.3　主轴正转，恒线速切削 150m/min，每转切削进给 0.3

25　G50　S2000　主轴最高速度值限制：2000r/min

30　G42　G0　Z2　建立左刀补，快速定位到 Z2

40　　X37　快速定位到 $X37$
50　G1　X35.8　直线插补到 $X35.8$
60　　Z－54　直线插补到 $Z-54$
70　G0　X37　快速定位到 $X37$
80　　Z2　快速定位到 $Z2$
90　G1　X30.8　直线插补到 $X30.8$
100　　Z－14.6　直线插补到 $Z-14.6$
101　　X35.8　Z－24.6　直线插补至 $X35.8$，$Z-24.6$
103　G0　X37　快速定位到 $X37$
104　　Z0.4　快速定位到 $Z0.4$
105　G1　X20.8　直线插补到 $X20.8$
106　G3　X30.8　Z－14.6　R15　顺圆插补至 $X30.8$，$Z-14.6$，圆弧半径 15
107　G0　X32　快速定位到 $X32$
108　　Z0.4　快速定位到 $Z0.4$
109　G1　X10.8　直线插补到 $X10.8$
110　G3　X30.8　Z－14.6　R15　顺圆插补至 $X30.8$，$Z-14.6$，圆弧半径 15
111　G0　X32　快速定位到 $X32$
112　　Z0.4　快速定位到 $Z0.4$
113　G1　X0.8　直线插补到 $X0.8$
114　G3　X30.8　Z－14.6　R15　顺圆插补至 $X30.8$，$Z-14.6$，圆弧半径 15
120　G40　G0　X100　取消左刀补，快速定位到 $X100$
130　　Z100　快速定位到 $Z100$
140　T0404　S200　F0.1　换 4 号刀
150　G42　G0　Z0　快速定位到 $Z0$
160　　X32　快速定位到 $X32$
170　G1　X0　精车，直线插补到 $X0$
172　G3　X30　Z－15　R15　顺圆插补至 $X30$，$Z-15$，圆

弧半径15

```
176  G1  X35  Z-25 直线插补到  X35, Z-25
180  G1  Z-50  直线插补  Z-50
183  G40  G0  X100  取消左刀补，快速定位到X100
184            Z100  快速定位到Z100
320  T0202  S100  F0.1  换2号刀
330  G0  X37  快速定位到X37
340      Z-54  快速定位到Z-54
350  G1  X0  直线插补到X0
360  G0  X100  快速定位到X100
370      Z100  快速定位到Z100
380  M30  程序结束，主轴停，冷却泵停，返回程序首
```

9.2.2 要点提示

① 在程序执行前，要输入刀尖半径值、假想刀尖号3。

② 本例背吃刀量小于11，请关注车半球时的分步粗车步骤。

③ 刀移动路线：*A*→*B*→*C*→*D*→*A*→*B*1→*C*1→*D*1→*A*2→*B*2→*C*2→*D*2→*A*2→*B*3→*C*3→*D*3→*A*2→*B*4→*C*4→*X*100（到换刀点）→*A*3→*B*5→*C*5→*X*100（到换刀点）→*D*→*E*→*X*100（到换刀点）。

④ 注意G42、G40的使用格式。

第 10 章

外圆、台阶和普通直螺纹的加工

本章提要

1. 主要内容：以例题的形式介绍切削台阶轴和普通直螺纹的相关知识。

2. 学习目标：熟练掌握切削台阶轴和普通直螺纹的编程方法、工艺路线、刀具选用和装夹方法、编程尺寸的计算、切削用量的选择等，对同类零件的加工工艺编制应熟练掌握。

3. 学习方法：以看例题为主，深刻理解相关知识的介绍，达到举一反三的效果。

10.1 切削台阶轴和普通直螺纹的相关知识

10.1.1 切削台阶轴的相关知识

(1) 定义

在车削外圆时，当长度大于直径 3 倍以上时的杆件称为轴类零件。

(2) 技术要求

一般轴类零件除了尺寸精度、表面粗糙度要求外，还有形状和位置精度要求。

(3) 毛坯形式

毛坯常用热轧圆棒料、冷拉圆棒料，批量生产的零件多用锻件。

(4) 常用车刀

90°偏刀、75°偏刀、切断刀等。

（5）装夹方法

共有四种装夹方法。

① 夹持一端，优点是刚性好、效率高、零件各表面同轴度好，缺点是不能切削较长轴。

② 夹持一端和顶另一端，优点是可以加工较长轴、零件各表面同轴度好，缺点是效率低。

③ 顶两端，优点是零件各表面同轴度好、可以加工较长轴，缺点是效率低、刚性差。

④ 夹一端掉头车，优点是刚性好、效率高，缺点是零件各表面同轴度差。

10.1.2　切削普通直螺纹的相关知识

（1）定义

普通螺纹一般为三角螺纹，公制普通螺纹的牙型角 60°，英制螺纹和管螺纹一般牙型角为 55°，直螺纹是指无锥度。

（2）进刀方法

① 直进法，切削力较大，常用于螺距小于 3mm 的三角螺纹。

② 斜进法，切削力较小，常用于螺距大于 3mm 而小于 6mm 的三角螺纹和梯形螺纹等。

③ 左右车削法，常用于螺距大于 6mm 的三角螺纹和梯形螺纹等，切削力可通过设定左右移动的量和背吃刀量进行控制。

（3）常用材料

常用材料是 Q235 或 45 钢。

（4）常用刀具材料

常用刀具材料是 YT5 硬质合金或高速钢。

10.2　实例 1

10.2.1　工作步骤

（1）零件图

零件图见图 10-1，毛坯是 $\phi38$、长 200 的 45 正火圆钢，单件生产，两端允许打中心孔。

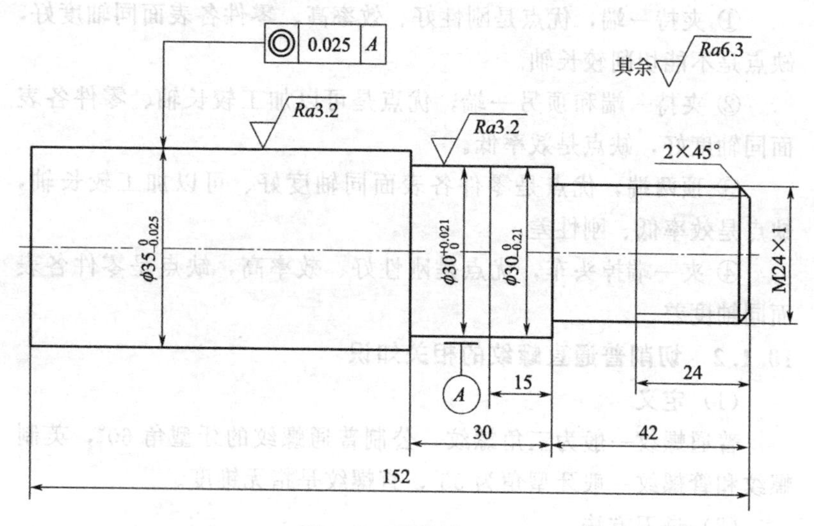

图 10-1　零件图（一）

（2）刀具选择和装夹方法

① 刀具选择。

a. 外圆粗车用 YT5、90°右偏刀。

b. 外圆精车用 YT15、90°右偏刀。

c. 切螺纹用 YT5、60°螺纹刀。

d. 切断用 YT5、4mm 切断刀。

② 装夹方法，用自定心三爪卡盘夹持毛坯左端和顶右端，伸出爪 165mm。

（3）工艺分析

① 工艺路线：打右端中心孔并精车右端面→粗精车外圆→车螺纹→切断。

② 确定编程原点：以工件右端面中心为编程原点。

③ 确定编程用指令：粗车用 G71，精车用 G70，车螺纹用 G92。

(4) 编程尺寸计算

① 螺纹的外径＝24－1×0.13＝23.87。

② 螺纹的根径＝24－1×1.3＝22.7。

③ ϕ30－0.21 尺寸取中值 29.895。

④ ϕ30－0.021 和 ϕ35－0.025 取最大实体尺寸 ϕ30 和 ϕ35。

(5) 填写工艺卡

见表 10-1。

表 10-1　工艺卡（一）

工序号	工序内容	定位基准	加工设备
10	下料 ϕ38 长 200	ϕ38 外圆	弓锯床
20	打右端中心孔，车外圆，车螺纹	ϕ38 外圆，伸出爪 165	CAK36/75
30	检验		

(6) 填写工序卡

见表 10-2。

表 10-2　工序卡（一）

工步号	工步内容	刀具号	刀具规格	切削速度 /m・min^{-1}	进给量 /mm・r^{-1}	背吃刀量 /mm	备注
10	粗车	0101	90°右偏刀	80	0.3	4	
20	精车	0404	90°右偏刀	120	0.1	0.4	
30	车螺纹	0303	60°螺纹刀	500r/min			
40	切断	0202	4mm 切断刀	50	0.1		
50	检验						

(7) 编写加工程序

O1001　程序名，用 O 及 O 后 4 位数表示

G0　X150　Z3　T0101　到换刀点，换 1 号刀，建立 1 号刀补，建立工件坐标系（程序段号可省写）

G99　G96　M3　S80　F0.3　主轴正转，恒线速 80m/

min，每转进给 0.3

G0 Z0 快速定位到 Z0

X40 快速定位到 X40

G71 U2 R1 G71：切削循环；U：粗车 X 轴的切削量 2，半径值；R：粗车 X 轴退刀量 1，半径值

G71 P10 Q30 U0.4 W0.2 G71：切削循环；P：精车轨迹第一程序段 N10；Q：精车轨迹最后程序段 N30；U：X 轴的精加工余量 0.4；W：Z 轴的精加工余量 0.2

N10 G1 X20 精车直线插补到 X0

X23.87 Z－2 直线插补到 X23.87，Z－2

Z－42 直线插补到 Z－42

X32 直线插补到 X32，退出

X29.895 直线插补到 X29.895，进刀到位

Z－57 直线插补到 Z－57

X32 直线插补到 X32，退出

X30.021 直线插补到 X30.021，进刀到位

Z－72 直线插补到 Z－72，进刀到位

X37 直线插补到 X37，退出

X35 直线插补到 X35，进刀到位

N30 Z－152 直线插补到 Z－152

G0 X150 快速定位到 X150

Z3 快速定位到 Z3

T0404 S120 F0.1 换 4 号刀

G0 Z2 快速定位到 Z2

X37 快速定位到 X37

G70 P10 Q30 G70：精车；P：精车轨迹第一程序段 N10；Q：精车轨迹最后程序段 N30

G0 X150 快速定位到 X150

Z3 快速定位到 Z3

T0303 G97 G98 S500 F80 换 3 号刀，主轴 500r/min

G0　Z2　快速定位到 Z2

　　X26　快速定位到 X26

G92　X23.3　Z－24　F1　G92：螺纹切削循环；X，Z：螺纹切削终点坐标；F：公制螺距 1

　　X22.9　螺纹切削终点 X 坐标

　　X22.7　螺纹切削终点 X 坐标

G0　X150　快速定位到 X150

　　Z3　快速定位到 Z3

T0202　G99　G96　S50　F0.1　换 2 号刀

G0　X37　快速定位到 X37

　　Z－156　快速定位到 Z－156

G1　X0　直线插补到 X0

G0　X150　快速定位到 X150

　　Z3　快速定位到 Z3

M30　程序结束，主轴停，冷却泵停，返回程序首

10.2.2　要点提示

① 此例是夹一端和顶一端的装夹形式，要特别指出的是，如果夹持长度超过 10mm，必须是打过顶尖孔后工件不能卸掉就接着顶着顶尖孔加工，如果打过顶尖孔后拿掉工件重新夹持，会发生顶尖孔跳动，这时如果用顶尖顶着加工，就会形成过定位，造成工件的报废或根本无法加工；如果夹持长度小于 10mm，打顶尖孔后可以把工件拿掉，加工时重新装夹即可。

② 此例工件的轴向尺寸没有标注公差，编程时不需要进行轴向尺寸的计算。

③ 注意因有尾座，换刀点在 X150，Z3。

④ 此例为了保证尺寸精度，精车路线中途有 3 次退刀，其目的是为了消除 X 方向的传动间隙，保证尺寸精度。这是提高加工精度的比较好的方法。

⑤ 此例工件是车床加工的最常见类型，必须熟练掌握。

10.3 实例 2

10.3.1 工作步骤

（1）零件图

零件图见图 10-2，毛坯是 $\phi20$、长 190 的 45 正火圆钢，小批生产，两端允许打中心孔。

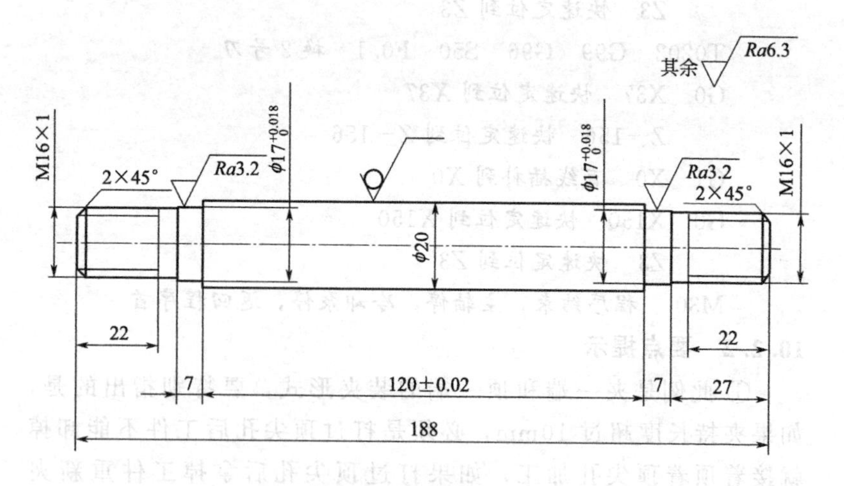

图 10-2 零件图（二）

（2）刀具选择和装夹方法

① 刀具选择

a. 外圆粗车用 YT5、90°右偏刀。

b. 外圆精车用 YT15、90°右偏刀。

c. 切螺纹用 YT5、60°螺纹刀。

② 装夹方法

a. 用自定心三爪卡盘夹持毛坯左端，伸出爪 10mm（平头，打右端中心孔）。

b. 用自定心三爪卡盘夹持毛坯右端，伸出爪 50mm（平头，保证总长，粗精车左端）。

c. 用自定心三爪卡盘夹持左端 ϕ17 处并顶右端中心孔（粗精车右端）。

（3）工艺分析

① 工艺路线：打右端中心孔并精车右端面→粗精车左端（含车螺纹）→粗精车右端（含车螺纹）。

② 确定编程原点：

a. 车左端时以工件左端面中心为编程原点；

b. 车右端时以工件 ϕ20 外圆左端面中心为编程原点。

③ 确定编程用指令：粗车用 G71，精车用 G70，车螺纹用 G92。

（4）编程尺寸计算

① 螺纹的外径＝16－1×0.13＝15.87。

② 螺纹的根径＝16－1×1.3＝14.7。

③ ϕ17＋0.018 尺寸取最大值 17.02。

（5）填写工艺卡

见表 10-3。

表 10-3　工艺卡（二）

工序号	工序内容	定位基准	加工设备
10	下料 ϕ20 长 190	ϕ20 外圆	弓锯床
20	平头，打右端中心孔	ϕ20 外圆，伸出爪 10	CAK36/75
30	车左端外圆，车螺纹	ϕ20 外圆，伸出爪 50	CAK36/75
40	车右端外圆，车螺纹	左 ϕ17 外圆，ϕ20 左端面，右端中心孔	CAK36/75
50	检验		

（6）填写工序卡

见表 10-4。

表 10-4 工序卡（二）

工步号	工步内容	刀具号	刀具规格	切削速度 /m·min^{-1}	进给量 /mm·r^{-1}	背吃刀量 /mm	备注
30-10	粗车	0101	90°右偏刀	80	0.3	4	
30-20	精车	0404	90°右偏刀	120	0.1	0.4	
30-30	车螺纹	0303	60°螺纹刀	500r/min			
40-10	粗车	0101	90°右偏刀	80	0.3	4	
40-20	精车	0404	90°右偏刀	120	0.1	0.4	
40-30	车螺纹	0303	60°螺纹刀	500r/min			
70	检验						

（7）编写加工程序

① O1002　程序名，用O及O后4位数表示（车左端）

G0　X150　Z3　T0101　到换刀点，换1号刀，建立1号刀补，建立工件坐标系（程序段号可省写）

G99　G96　M3　S80　F0.3　主轴正转，恒线速80m/min，每转进给0.3

G0　Z0　　快速定位到Z0

X22　快速定位到X22

G71　U2　R1　G71：切削循环；U：粗车X轴的切削量2，半径值；R：粗车X轴退刀量1，半径值

G71　P10　Q30　U0.4　W0.2　G71：切削循环；P：精车轨迹第一程序段N10；Q：精车轨迹最后程序段N30；U：X轴的精加工余量0.4；W：Z轴的精加工余量0.2

N10　G1　X12　精车直线插补到X12

X15.87　Z—2　直线插补到X15.87，Z—2

Z—27　直线插补到Z—27

X18　直线插补到X18，退出

X17.02　直线插补到X17.02，进刀到位

Z—34　直线插补到Z—34

N30　X22　直线插补到X22

G0 X150　快速定位到 X150

Z1　快速定位到 Z1

T0404　S120　F0.1　换 4 号刀

G0　Z0　快速定位到 Z0

X22　快速定位到 X22

G70　P10　Q30　G70：精车；P：精车轨迹第一程序段 N10；Q：精车轨迹最后程序段 N30

G0　X150　快速定位到 X150

Z1　快速定位到 Z1

T0303　G97　G98　S500　F80　换 3 号刀，主轴 500r/min

G0　Z2　快速定位到 Z2

X22　快速定位到 X22

G92　X15.3　Z-22　F1　G92：螺纹切削循环；X，Z：螺纹切削终点坐标；F：公制螺距 1

X14.9　螺纹切削终点 X 坐标

X14.7　螺纹切削终点 X 坐标

G0　X150　快速定位到 X150

Z1　快速定位到 Z1

M30　程序结束，主轴停，冷却泵停，返回程序首

② O1003　程序名，用 O 及 O 后 4 位数表示（车右端，工件坐标系的原点在 ϕ20 外圆的左端面）

G0　X150　Z155　T0101　到换刀点，换 1 号刀，建立 1 号刀补，建立工件坐标系（程序段号可省写）

G99　G96　M3　S80　F0.3　主轴正转，恒线速 80m/min，每转进给 0.3

G0　Z154　快速定位到 Z154

X22　快速定位到 X22

G71　U2　R1　G71：切削循环；U：粗车 X 轴的切削量 2，半径值；R：粗车 X 轴退刀量 1，半径值

G71　P10　Q30　U0.4　W0.2　G71：切削循环；P：精车

轨迹第一程序段 N10；Q：精车轨迹最后程序段 N30；U：*X* 轴的精加工余量 0.4；W：*Z* 轴的精加工余量 0.2

N10　G1　X12　精车直线插补到 *X*12

X15.87　Z152　直线插补到 *X*15.87，*Z*152

Z127　直线插补到 *Z*127

X18　直线插补到 *X*18，退出

X17.02　直线插补到 *X*17.02，进刀到位

Z120　直线插补到 *Z*120

N30　X22　直线插补到 *X*22

G0 X150　快速定位到 *X*150

Z155　快速定位到 *Z*155

T0404　S120　F0.1　换 4 号刀

G0　Z154 快速定位到 *Z*154

X22　快速定位到 *X*22

G70　P10　Q30　G70：精车；P：精车轨迹第一程序段 N10；Q：精车轨迹最后程序段 N30

G0　X150　快速定位到 *X*150

Z155　快速定位到 *Z*155

T0303　G97　G98　S500　F80 换 3 号刀，主轴 500r/min

G0　Z156　快速定位到 *Z*156

X22　快速定位到 *X*22

G92　X15.3　Z132　F1　G92：螺纹切削循环；X，Z：螺纹切削终点坐标；F：公制螺距 1

X14.9　螺纹切削终点 *X* 坐标

X14.7　螺纹切削终点 *X* 坐标

G0　X150　快速定位到 *X*150

Z155　快速定位到 *Z*155

M30　程序结束，主轴停，冷却泵停，返回程序首

10.3.2　要点提示

① 此例是夹一端和夹一端顶一端的两种装夹形式，要特别指

出的是，如果夹持长度超过 10mm，必须是打过顶尖孔后工件不能卸掉就接着顶着顶尖孔加工，如果打过顶尖孔后拿掉工件重新夹持，会发生顶尖孔跳动，这时如果用顶尖顶着加工，就会形成过定位，造成工件的报废或根本无法加工；如果夹持长度小于 10mm，打顶尖孔后可以把工件拿掉，（此例为 7）加工时重新装夹即可。

② 此例工件的轴向尺寸没有标注公差，编程时不需要进行轴向尺寸的计算。

③ 注意因有尾座，换刀点在 $X150$，$Z1$。

④ 此例为了保证尺寸精度，精车路线中途有 1 次退刀，其目的是为了消除 X 方向的传动间隙，保证尺寸精度。这是提高加工精度的比较好的方法。

⑤ 此例没有采用两头顶的装夹方式，主要是两端各表面没有同轴度的要求，从加工效率方面考虑，夹一端最高，夹一端顶一端次之，两头顶效率最低。所以，在能保证同轴度要求的情况下，选择了夹一端和夹一端顶一端的两种装夹形式。如果只采用夹一端的方式，而两端各表面虽无同轴度的要求，但也不是可随意加工，也应把同轴度的误差控制在一定范围内（即未注同轴度公差的允许范围），如果两端都采取夹一端的加工方式，由于两次定位的基准都是 $\phi20$ 毛坯外圆，违背了毛基准只能用一次的限制，造成了两端同轴度的误差过大，零件将无法使用。

⑥ 此例工件是车床加工的最常见类型，必须熟练掌握。

第 11 章

外锥形面（含倒锥）的加工

本章提要

1. 主要内容：以例题的形式介绍切削外锥形面的相关知识。

2. 学习目标：熟练掌握切削外锥形面的编程方法、工艺路线、刀具选用和装夹方法、编程尺寸的计算、切削用量的选择等，对同类零件的加工工艺编制应熟练掌握。

3. 学习方法：以看例题为主，深刻理解相关知识的介绍，达到举一反三的效果。

11.1 切削外锥形面（含倒锥）的相关知识

11.1.1 外锥形面（含倒锥）的概念

（1）定义

在车削外圆时，长度大于直径 3 倍以上的杆件称为轴类零件。轴类零件的两端直径不一致时称为外锥形面（含倒锥）。

（2）技术要求

一般轴类零件除了尺寸精度、表面粗糙度要求外，还有形状和位置精度要求。

（3）毛坯形式

毛坯常用热轧圆棒料、冷拉圆棒料，批量生产的零件多用锻件。

11.1.2 常用加工方法

（1）常用车刀

90°偏刀、75°偏刀、切断刀等。

（2）装夹方法

共有四种装夹方法。

① 夹持一端，优点是刚性好、效率高、零件各表面同轴度好，缺点是不能切削较长轴。

② 夹持一端和顶另一端，优点是可以加工较长轴、零件各表面同轴度好，缺点是效率低。

③ 顶两端，优点是零件各表面同轴度好、可以加工较长轴，缺点是效率低、刚性差。

④ 夹一端掉头车，优点是刚性好、效率高，缺点是零件各表面同轴度差。

11.2　实例

11.2.1　工作步骤

（1）零件图

零件图见图 11-1，毛坯是 ϕ35、长 200 的 45 正火圆钢，单件生产，两端允许打中心孔。

（2）刀具选择和装夹方法

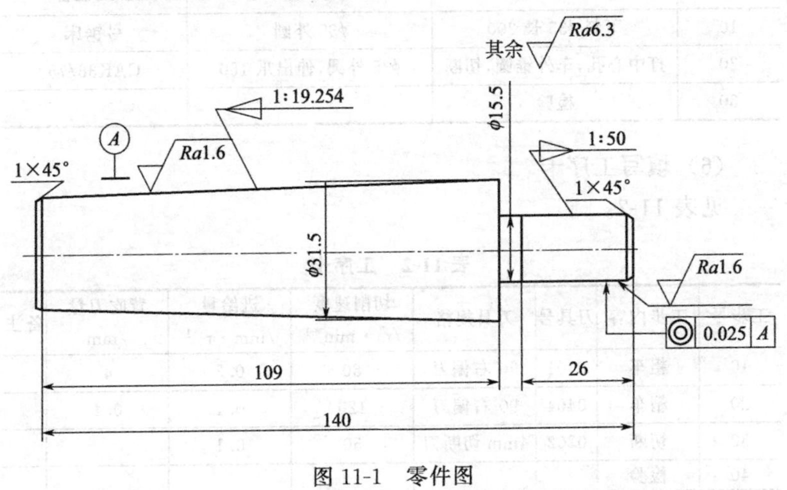

图 11-1　零件图

① 刀具选择：外圆粗车用 YT5、90°右偏刀，外圆精车用 YT15、90°右偏刀，切断用 YT5、4mm 切断刀。

② 装夹方法：用自定心三爪卡盘夹持毛坯左端和顶右端，伸出爪 160mm。

(3) 工艺分析

① 工艺路线：打右端中心孔并精车右端面→粗精车外锥圆→切断。

② 确定编程原点：以工件右端面中心为编程原点。

③ 确定编程用指令：粗车用 G71，精车用 G1。

(4) 编程尺寸计算

① 计算 1∶50 锥圆小端直径。1∶50 锥圆小端直径＝15.5－25×1/50＝15。

② 计算 1∶19.254 锥圆小端直径。1∶19.254 锥圆小端直径＝31.5－108×1/19.254＝25.891。

(5) 填写工艺卡

见表 11-1。

表 11-1 工艺卡

工序号	工序内容	定位基准	加工设备
10	下料 ϕ35 长 200	ϕ35 外圆	弓锯床
20	打中心孔，车外锥圆，切断	ϕ35 外圆，伸出爪 160	CAK36/75
30	检验		

(6) 填写工序卡

见表 11-2。

表 11-2 工序卡

工步号	工步内容	刀具号	刀具规格	切削速度 /m·min^{-1}	进给量 /mm·r^{-1}	背吃刀量 /mm	备注
10	粗车	0101	90°右偏刀	80	0.3	4	
20	精车	0404	90°右偏刀	120	0.1	0.4	
30	切断	0202	4mm 切断刀	50	0.1		
40	检验						

（7）编写加工程序

O1101　程序名，用 O 及 O 后 4 位数表示

G0　X150　Z1　T0101　到换刀点，换 1 号刀，建立 1 号刀补，建立工件坐标系（程序段号可省写）

G99　G96　M3　S80　F0.3　主轴正转，恒线速 80m/min，每转进给 0.3

G50　S2000　最高转速限制在 2000r/min

G0　Z0　快速定位到 $Z0$

X37　快速定位到 $X37$

G71　U2　R1　G71：切削循环；U：粗车 X 轴的切削量 2，半径值；R：粗车 X 轴退刀量 1，半径值

G71　P10　Q20　U0.4　W0.2　G71：切削循环；P：精车轨迹第一程序段 N10；Q：精车轨迹最后程序段 N20；U：X 轴的精加工余量 0.4；W：Z 轴的精加工余量 0.2

N10　G1　X13　精车直线插补到 $X13$

X15　Z−1　直线插补到 $X15$，$Z-1$

X15.5　Z−26　直线插补到 $X15.5$，$Z-6$

Z−31　直线插补到 $Z-31$

N20　X37　直线插补到 $X37$

G0　Z−31　快速定位到 $Z-31$

G71　U2　R1　G71：切削循环；U：粗车 X 轴的切削量 2，半径值；R：粗车 X 轴退刀量 1，半径值

G71　P30　Q40　U0.4　W0.2　G71：切削循环；P：精车轨迹第一程序段 N30；Q：精车轨迹最后程序段 N40；U：X 轴的精加工余量 0.4；W：Z 轴的精加工余量 0.2

N30　G1　X31.5　直线插补到 $X31.5$

X25.891　Z−139　直线插补到 $X25.891$，$Z-139$

N40　X37　直线插补到 $X37$

G0　X150　快速定位到 $X150$

Z1　快速定位到 $Z1$

```
T0404  S120  F0.1  换4号刀
G0  Z0  快速定位到Z0
    X17  快速定位到X17
G1  X13  直线插补到X13
    X15  Z-1  直线插补到X15，Z-1
    X15.5  Z-26  直线插补到X15.5，Z-26
    Z-31  直线插补到Z-31
    X33  直线插补到X33，退刀
    X31.5  直线插补到X31.5，进刀到位
    X25.891  Z-139  直线插补到X25.891，Z-139
G0  X150  快速定位到X150
    Z1  快速定位到Z1
T0202  S50  F0.1  换2号刀
G50  S2000  最高转速限制在2000r/min
G0  X37  快速定位到X37
    Z-142  快速定位到Z-142
G1  X26  直线插补到X26
G0  X37  快速定位到X37
    Z-144  快速定位到Z-144
G1  X23.891  直线插补到X23.891
G0  X37  快速定位到X37
    Z-143  快速定位到Z-143
G1  X25.891  直线插补到X25.891
    X23.891  Z-144  直线插补到X23.891，Z-144
    X0  直线插补到X0
G0  X150  快速定位到X150
    Z1  快速定位到Z1
M30  程序结束，主轴停，冷却泵停，返回程序首
```

11.2.2 要点提示

① 此例是夹一端和顶一端的装夹形式，要特别指出的是，如

果夹持长度超过 10mm，必须是打过顶尖孔后工件不能卸掉就接着顶着顶尖孔加工，如果打过顶尖孔后拿掉工件重新夹持，会发生顶尖孔跳动，这时如果用顶尖顶着加工，就会形成过定位，造成工件的报废或根本无法加工；如果夹持长度小于 10mm，打顶尖孔后可以把工件拿掉，加工时重新装夹即可。

② 此例工件的轴向尺寸没有标注公差，编程时不需要进行轴向尺寸的计算。

③ 注意因有尾座，换刀点在 $X150$，$Z1$。

④ 此例为了保证尺寸精度，精车路线中途有 1 次退刀，其目的是为了消除 X 方向的传动间隙，保证尺寸精度。这是提高加工精度的比较好的方法。

⑤ 此例工件是车床加工的最常见类型，必须熟练掌握。

⑥ 此例工件是车床用莫氏 4 号钻柄，1∶50 的锥度与钻夹头相配，1∶19.254 的锥度与车床尾座相配，两锥度有同轴度要求，要在一次装夹中完成两锥度的加工。

⑦ 加工 1∶19.254 锥度，此例用 G71 指令，可以用子程序加工，也可以用 G90 指令，不过，用 G90 指令要注意，$|U/2| \geqslant |R|$（U 和 R 的含义参见第 3 章第一节关于 G90 指令车锥的介绍）。

⑧ 此例工件属于中凸工件，不能用一个 G71 与 G70 指令车成，因 G71 指令只能车从小到大或从大到小的工件。

第 12 章

外成形面的加工

本章提要

1. 主要内容：以例题的形式介绍切削外成形面的相关知识。

2. 学习目标：熟练掌握切削外锥形面的编程方法、工艺路线、刀具选用和装夹方法、编程尺寸的计算、切削用量的选择等，对同类零件的加工工艺编制应熟练掌握。

3. 学习方法：以看例题为主，深刻理解相关知识的介绍，达到举一反三的效果。

12.1 切削外成形面的相关知识

12.1.1 外成形面的概念

① 定义：在车削时，由圆弧和圆弧、圆弧和直线相切或相交而构成的一些成形面零件称为外成形面，例如手柄、球柄等。

② 技术要求：一般外成形面零件除了尺寸精度外，表面粗糙度要求比较高。

③ 毛坯形式：毛坯常用热轧圆棒料、冷拉圆棒料，批量生产的零件多用锻件。

12.1.2 常用加工方法

① 常用车刀：90°偏刀、60°偏刀、切断刀等。

② 装夹方法：毛坯是棒料时，一般选用夹持一端；毛坯是锻料时，一般先夹持圆弧部分毛坯车圆柱部分，然后夹持圆柱部分车圆弧部分。

12.2 实例

12.2.1 工作步骤

外成形面的加工是数控车床的特长，应熟练掌握。

(1) 零件图

零件图见图 12-1，毛坯是 ϕ40、长 160 的 45 正火圆钢，单件生产。

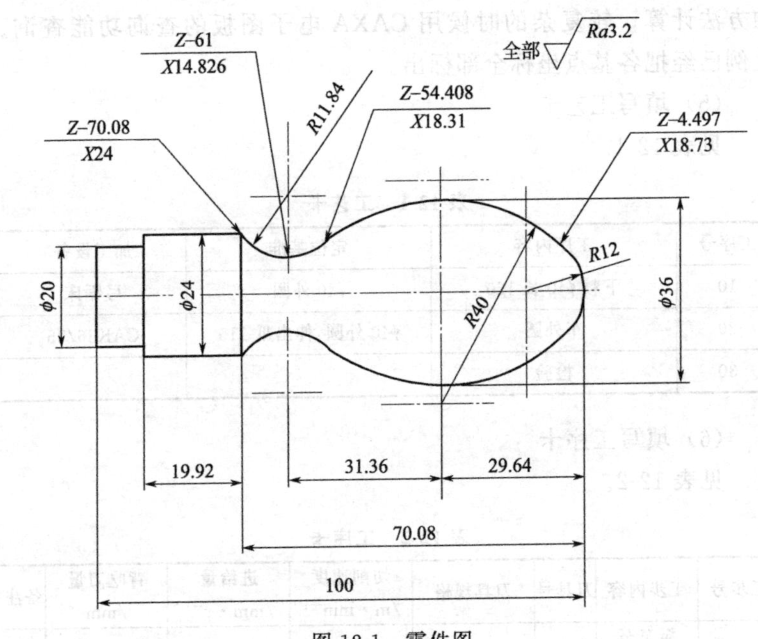

图 12-1　零件图

(2) 刀具选择和装夹方法

① 刀具选择

a. 外圆粗车用 YT5、60°右偏刀（刀尖角 60°）。

b. 外圆精车用 YT15、60°右偏刀（刀尖角 60°）。

c. 切断用 YT5、4mm 切断刀。

② 装夹方法　用自定心三爪卡盘夹持毛坯左端，伸出

爪 115mm。

(3) 工艺分析

① 工艺路线：精车右端面→粗精车外圆→粗精车 ϕ18 外圆、切断。

② 确定编程原点：以工件右端面中心为编程原点。

③ 确定编程用指令：粗车用 G71，精车用 G1、G3、G2。

(4) 编程尺寸计算

车削外成形面的计算往往比较复杂，一般用几何、三角、数学的方法计算，较复杂的时候用 CAXA 电子图板的查询功能查询。此例已经把各基点坐标全部标出。

(5) 填写工艺卡

见表 12-1。

表 12-1　工艺卡

工序号	工序内容	定位基准	加工设备
10	下料 ϕ40 长 160	ϕ40 外圆	弓锯床
20	车外圆	ϕ40 外圆，伸出爪 115	CAK36/75
30	检验		

(6) 填写工序卡

见表 12-2。

表 12-2　工序卡

工步号	工步内容	刀具号	刀具规格	切削速度 /m·min^{-1}	进给量 /mm·r^{-1}	背吃刀量 /mm	备注
10	粗车至 *X*36，*Z*-29.64	0101	60°右偏刀	80	0.3	4	
20	粗车至 *X*14.826，*Z*-61	0101	60°右偏刀	80	0.3	2	
	粗车至 *X*24，*Z*-104	0101	60°右偏刀	80	0.3	4	

续表

工步号	工步内容	刀具号	刀具规格	切削速度 /m·min^{-1}	进给量 /mm·r^{-1}	背吃刀量 /mm	备注
30	精车	0404	60°右偏刀	120	0.1	0.8	
40	粗精车 φ20 外圆、切断	0202	4mm 切断刀	50	0.1		
50	检验						

(7) 编写加工程序

O1201　程序名，用 O 及 O 后 4 位数表示

G0　X100　Z100　T0101　到换刀点，换 1 号刀，建立 1 号刀补，建立工件坐标系（程序段号可省写）

G99　G96　M3　S80　F0.3　主轴正转，恒线速 80m/min，每转进给 0.3

G50　S2000　最高转速限制在 2000r/min

G0　Z0　快速定位到 *Z*0

X42　快速定位到 *X*32

G71　U2　R1　G71：切削循环；U：粗车 *X* 轴的切削量 2，半径值；R：粗车 *X* 轴退刀量 1，半径值

G71　P10　Q20　U0.8　W0.4　G71：切削循环；P：精车轨迹第一程序段 N10；Q：精车轨迹最后程序段 N20；U：*X* 轴的精加工余量 0.8；W：*Z* 轴的精加工余量 0.4

N10　G1　X0

G3　X18.73　Z－4.497　R12　精车顺圆插补到 *X*18.73，*Z*－4.497，*R*12

G3　X36　Z－29.64　R40　精车顺圆插补到 *X*36，*Z*－29.64，*R*40

N20　G1　X42

G0　X42

Z－29.64

G71　U1　R1　G71：切削循环；U：粗车 *X* 轴的切削量

1，半径值；R：粗车 X 轴退刀量 1，半径值

G71 P30 Q40 U0.8 W0.4 G71：切削循环；P：精车轨迹第一程序段 N30；Q：精车轨迹最后程序段 N40；U：X 轴的精加工余量 0.8；W：Z 轴的精加工余量 0.4

N30 G1 X36

G3 X18.31 Z−54.408 R40 精车顺圆插补到 X18.31，Z−54.408，R40

G2 X14.826 Z−61 R11.84 精车逆圆插补到 X14.826，Z−61，R11.84

N40 G1 X42

G0 X42

Z−61

G71 U2 R1 G71：切削循环；U：粗车 X 轴的切削量 2，半径值；R：粗车 X 轴退刀量 1，半径值

G71 P50 Q60 U0.8 W0.4 G71：切削循环；P：精车轨迹第一程序段 N50；Q：精车轨迹最后程序段 N60；U：X 轴的精加工余量 0.8；W：Z 轴的精加工余量 0.4

N50 G1 X14.826

G2 X24 Z−70.08 R11.84 精车逆圆插补到 X24，Z−70.08，R11.84

G1 Z−104 精车到 Z−104

N60 G1 X42

G0 X42

Z−104

T0404 S120 F0.1 换 4 号刀

G0 Z0 快速定位到 Z0

X42 快速定位到 X42

G42 G1 X0

G3 X18.73 Z−4.497 R12 精车顺圆插补到 X18.73，Z−4.497，R12

G3　X18.31　Z—54.408　R40　精车顺圆插补到 *X*18.31，*Z*—54.408，*R*40

G2　X24　Z—70.08　R11.84　精车逆圆插补到 *X*24，*Z*—70.08，*R*11.84

G1　Z—104　精车到 *Z*—104

X42

G40　G0　X42

G0　X100　快速定位到 *X*100

Z100　快速定位到 *Z*100

T0202　S50　F0.1　换 2 号刀

G0　X32　快速定位到 *X*42

Z—94　快速定位到 *Z*—94

G1　X20.2　直线插补到 *X*20.2

G0　X42　快速定位到 *X*42

Z—97　快速定位到 *Z*—97

G1　X20.2　直线插补到 *X*20.2

G0　X42　快速定位到 *X*42

Z—100　快速定位到 *Z*—100

G1　X20.2　直线插补到 *X*20.2

G0　X42　快速定位到 *X*42

Z—102　快速定位到 *Z*—102

G1　X20.2　直线插补到 *X*20.2

G0　X42　快速定位到 *X*42

Z—104　快速定位到 *Z*—104

G1　X20.2　直线插补到 *X*20.2

G0　X42　快速定位到 *X*42

Z—104　快速定位到 *Z*—104

G1　X20　直线插补到 *X*20

Z—94　直线插补到 *Z*—94

X42　直线插补到 *X*42

G0 Z－104 快速定位到 Z－104
X21 快速定位到 X21
G1 X0 直线插补到 X0
G0 X100 快速定位到 X100
Z100 快速定位到 Z100
M30 程序结束，主轴停，冷却泵停，返回程序首

12.2.2 要点提示

① 此例是用 G71 车外成形面的例题，用连续精车的方法精车。由于 G71 只能加工径向尺寸渐大或渐小的零件，所以，采取了用 G71 分段加工的方法。

② 此例工件的径向和轴向尺寸没有标注公差，编程时不需要进行径向和轴向尺寸的计算。

③ ϕ20 外圆的加工，由于轴向尺寸较短，采取用切断刀径向进刀的切削方式加工，要注意，切断刀每次的轴向进给量不能大于切断刀宽度的 3/4，精车的背吃刀量要尽可能的小，本例取 0.1。

④ 此例采用了刀尖半径补偿，刀尖半径 0.2，需要注意的是 G71 和 G73 指令粗车不执行刀尖半径补偿，所以，精车余量径向留 0.8，轴向留 0.4，留的多一些。

⑤ 车削此类外成形面，当批量较大时，应使用 CAD/CAM 软件编制程序，这样做可使零件的加工效率高。

第 13 章

内锥孔的加工

本章提要

1. 主要内容：以例题的形式介绍切削内锥孔的相关知识。

2. 学习目标：熟练掌握切削内锥孔的编程方法、工艺路线、刀具选用和装夹方法、编程尺寸的计算、切削用量的选择等，对同类零件的加工工艺编制应熟练掌握。

3. 学习方法：以看例题为主，深刻理解相关知识的介绍，达到举一反三的效果。

13.1 切削内锥孔的相关知识

13.1.1 内锥孔的概念

① 定义：内锥孔也是内孔中较难加工的零件类型，内孔类零件精度要求一般较高，加工难度主要是：受孔径和孔深的限制刀杆细而长，刀杆刚性差，切削时切屑不易排出，切削区域不易观察，加工精度不易控制。

② 技术要求：一般内孔零件除了尺寸精度外，表面粗糙度要求比较高。

③ 毛坯形式：毛坯常用热轧圆棒料、冷拉圆棒料，批量生产的零件多用锻件。

13.1.2 常用加工方法

① 常用车刀：90°内孔偏刀（用于不通孔和细长孔）、75°内孔偏刀、内槽车刀、内螺纹车刀等。

② 装夹方法：毛坯是棒料时，一般选用夹持一端外圆；毛坯

是锻料时，一般夹持外圆（或撑内孔）。

13.2 实例

13.2.1 工作步骤

（1）零件图

零件图见图 13-1，毛坯是 ϕ70、长 200 的 45 正火圆钢，单件生产。

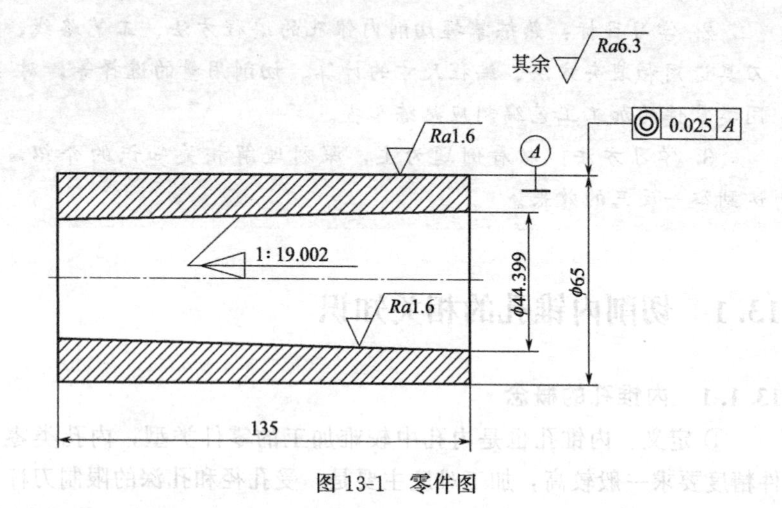

图 13-1 零件图

（2）刀具选择和装夹方法

① 刀具选择

a. 外圆粗车用 YT5、90°右偏刀。

b. 外圆精车用 YT5、90°右偏刀。

c. 内孔粗车用 YT5、75°内孔刀（通孔刀）。

d. 内孔精车用 YT5、75°内孔刀（通孔刀）。

e. 切断用 YT5、4mm 切断刀。

f. 选择 ϕ35 钻头。

② 装夹方法　用自定心三爪卡盘夹持毛坯左端，伸出爪 150mm。

（3）工艺分析

① 工艺路线：精车右端面→钻孔→粗车外圆→粗车内孔→精车内孔→精车外圆→切断。

② 确定编程原点：以工件右端面中心为编程原点。

③ 确定编程用指令：外圆粗精车用 G90 指令，内孔粗车用 G71，精车用 G70 指令。

（4）编程尺寸计算

计算锥孔小端直径。

锥孔小端直径＝大端直径－长度×锥度

＝44.399－135×1/19.002＝37.294

（5）填写工艺卡

见表 13-1。

表 13-1　工艺卡

工序号	工序内容	定位基准	加工设备
10	下料 ϕ70 长 200	ϕ70 外圆	弓锯床
20	钻孔 ϕ35，车外圆，车内孔	ϕ70 外圆左端伸出爪 150	CAK36/75
30	检验		

（6）填写工序卡

见表 13-2。

表 13-2　工序卡

工步号	工步内容	刀具号	刀具规格	切削速度 /m·min^{-1}	进给量 /mm·r^{-1}	背吃刀量 /mm	备注
10	粗车外圆	0101	90°右偏刀	80	0.3	4.6	
20	粗车内孔	0404	75°内孔刀	80	0.2	2	
30	精车内孔	0404	75°内孔刀	100	0.1	0.4	
40	精车外圆	0101	90°右偏刀	100	0.1	0.4	
50	切断	0202	4mm 切断刀	50	0.1	4	
60	检验						

(7) 编写加工程序

O1301　程序名，用O及O后4位数表示

G0　X150　Z200　T0101　到换刀点，换1号刀，建立1号刀补，建立工件坐标系（程序段号可省写）

G99　G96　M3　S80　F0.3　主轴正转，恒线速80m/min，每转进给0.3

G50　S2000　最高转速限制在2000r/min

G0　Z2　快速定位到Z2

X72　快速定位到X72

G90　X65.4　Z−139　G90切削循环

G0　X150　快速定位到X150

Z200　快速定位到Z200

T0404　换4号刀

G0　X33　快速定位到X33

Z2　快速定位到Z2

G71　U1　R1　G71：切削循环；U：粗车X轴的切削量1，半径值；R：粗车X轴退刀量1，半径值

G71　P10　Q20　U−0.4　W0.2　G71：切削循环；P：精车轨迹第一程序段N10；Q：精车轨迹最后程序段N20；U：X轴的精加工余量−0.4；W：Z轴的精加工余量0.2

N10　G1　X44.399　直线插补到X44.399

Z0　直线插补到Z0

N20　X37.294　Z−135　直线插补到X37.294，Z−135

S100　F0.1

G70　P10　Q20　G70：精车，P：精车轨迹第一程序段N10；Q：精车轨迹最后程序段N20

G0　Z200　快速定位到Z200

X150　快速定位到X150

T0101　换1号刀

G90　X65　Z−135　G90切削循环

G0　X150　快速定位到 X150

　　Z200　　快速定位到 Z200

T0202　S50　F0.1　换 2 号刀

G0　Z−139　快速定位到 Z−139

G0　X72　快速定位到 X72

G1　X33　直线插补到 X33

G0　X150　快速定位到 X150

　　Z200　快速定位到 Z200

M30　程序结束，主轴停，冷却泵停，返回程序首

13.2.2　要点提示

① 此例是车内锥的典型零件，使用 G71 指令。可以使用 G90 指令或子程序加工，但以使用 G71 指令较好。

② 此例工件的轴向尺寸没有标注公差，编程时不需要进行轴向尺寸的计算。

③ 注意 G71 指令的 U-0.4，是指 X 方向的进刀为负方向，即车内孔时 X 的进刀方向。

④ 注意车内孔时的背吃刀量，要比车外圆时小得多。

⑤ 此例工件是车床加工的最常见类型，必须熟练掌握。

第 14 章

梯形螺纹、模数螺纹的加工

本章提要

1. 主要内容：以例题的形式介绍切削梯形螺纹和模数螺纹的相关知识。

2. 学习目标：熟练掌握切削梯形螺纹和模数螺纹的编程方法、工艺路线、刀具选用和装夹方法、编程尺寸的计算、切削用量的选择等，对同类零件的加工工艺编制应熟练掌握。

3. 学习方法：以看例题为主，深刻理解相关知识的介绍，达到举一反三的效果。

梯形螺纹、模数螺纹是数控车床加工难度最大的零件类型之一，主要难点在于切削刃的工作长度长和两面吃刀，导程大，造成了切削的振动和刀具受力太大，容易产生崩刀等非常不利的后果，所以，梯形螺纹、模数螺纹的加工需特别注意，要认真分析影响切削的各种不利因素，选好加工方法和切削参数，进刀方法一般采用左右车削法。编程方法尽可能地用子程序，减少编程的工作量。

14.1 切削梯形螺纹、模数螺纹的相关知识

14.1.1 梯形螺纹、模数螺纹的概念

① 定义：梯形螺纹牙型角 30°，一般是公制，模数螺纹牙型角 40°，一般用于传动，所以，要求的精度高，表面粗糙度好。

② 技术要求：一般轴向尺寸要求较低，其要求最高的是模数

螺纹的工作面。

14.1.2　常用加工方法

① 毛坯形式：一般用圆钢，批量大时用锻件。

② 常用车刀：常用与齿形角度相同的刀具，刀具材料为高速钢或 YT5 硬质合金。本例用高速钢，主切削刃宽度为 2.168。主切削刃宽度的选择很重要，本例计算所得牙型底宽 2.019，考虑到牙型的配合间隙，增加 0.149 宽度到 2.168。当牙型底宽大于 2.5 左右时，刀的受力较大，主切削刃的宽度应小于牙型底宽，用轴向走刀的方法保证牙型底的宽度。

14.2　实例

14.2.1　工作步骤

(1) 零件图

零件图见图 14-1，外圆加工（省略），单件生产。本例仅加工蜗杆部分。蜗杆参数见表 14-1。

表 14-1　蜗杆参数　mm

模数	3	刀尖宽度	2.168
节径	36	导程	9.425
根径	28.8	导程角	4.7636°
牙型角	40°	旋向	右

(2) 刀具选择和装夹方法

① 刀具选择，用 W18Cr4V 高速钢，刀尖宽 2.168，刀尖角 40°，前角 0°，左刀刃处后角 12.7636°，右刀刃处后角 3.2364°。

② 装夹方法，用自定心三爪卡盘夹持 ϕ24 处，用顶尖顶右端。

(3) 工艺分析

① 工艺路线：车模数螺纹。

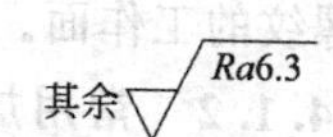

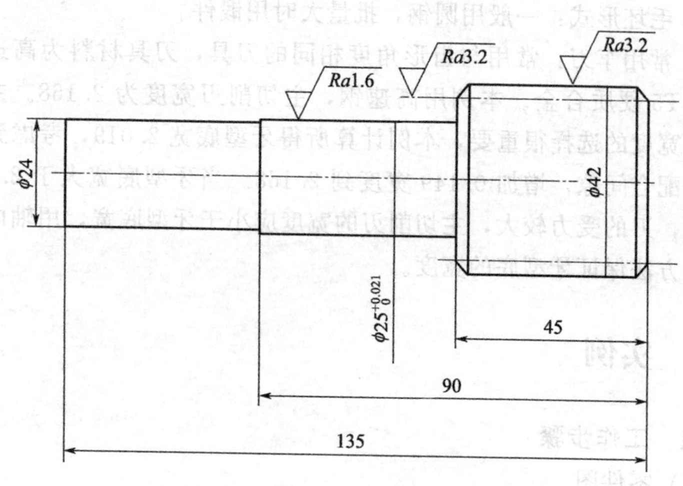

图 14-1 蜗杆零件图

② 确定编程原点：以工件右端面中心为编程原点。

③ 确定编程用指令：用 G92 指令和子程序。

(4) 编程尺寸计算

① 根据已知条件计算牙型各部尺寸并画蜗杆牙型图，见图 14-2。

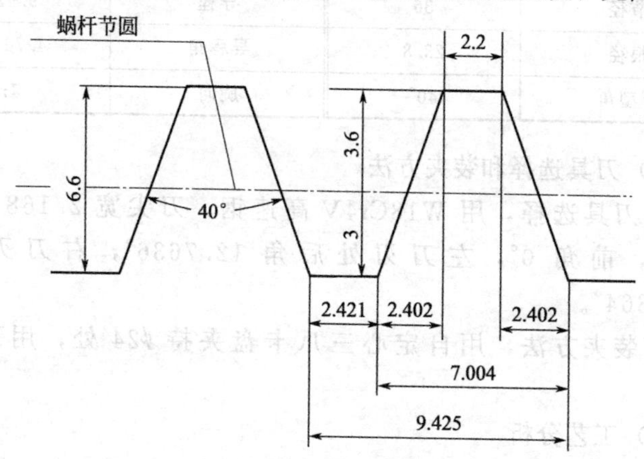

图 14-2 蜗杆牙型图

② 根据牙型图和机床性能确定背吃刀量为 1.0，根据背吃刀量计算 Z 向单边在每次吃刀直径 1.0 时的移动量为 0.186。

③ 根据背吃刀量 1.0 计算需 13 次进刀，另加一次背吃刀量 0.2 的进刀。根据计算所得数据绘制进刀路线图，见图 14-3。图中细实线和虚线都是进刀路线。

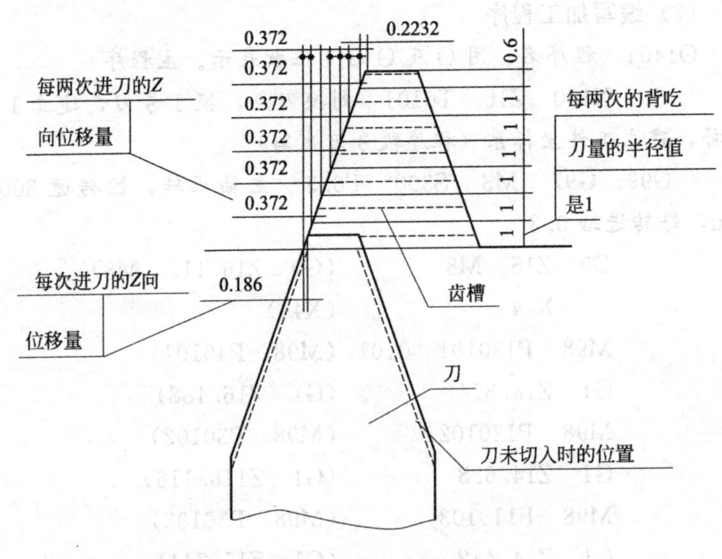

图 14-3　进刀路线图

（5）填写工艺卡

见表 14-2。

表 14-2　工艺卡

工序号	工序内容	定位基准	加工设备
10	车螺纹	ϕ24 外圆及其右台阶；右顶尖孔	CAK36/75
20	检验		

（6）填写工序卡

见表 14-3。

表 14-3　工序卡

工步号	工步内容	刀具号	刀具规格	车螺纹 /r·min^{-1}	进给量 /mm·r^{-1}	背吃刀量 /mm	备注
10	车螺纹	0101	40°螺纹刀	300	0.3		
20	检验						

（7）编写加工程序

O1401　程序名，用O及O后4位数表示。主程序

G0　X100　Z15　T0101　到换刀点，换1号刀，建立1号刀补，建立工件坐标系（程序段号可省写）

G99　G97　M3　S300　F0.3　主轴正转，恒转速300r/min，每转进给0.3

```
G0   Z15   M8            (G0   Z16.116   M8)
     X44                 (X44)
M98  P130101   0101      (M98  P40101)
G1   Z14.814             (G1   Z16.488)
M98  P120102             (M98  P30102)
G1   Z14.628             (G1   Z116.116)
M98  P110103             (M98  P30103)
G1   Z14.442             (G1   Z15.744)
M98  P100104             (M98  P30104)
G1   Z14.256             (G1   Z15.372)
M98  P90105              (M98  P30105)
G1   Z14.07              (G1   Z15)
M98  P80106              (M98  P30106)
G1   Z13.884             (G1   Z14.628)
M98  P70107              (M98  P30107)
G1   Z13.698             (G1   Z15.186)
M98  P60108              (M98  P20108)
G1   Z13.512             (G1   Z14.628)
M98  P50109              (M98  P20109)
```

```
G1  Z13.326                 (G1  Z14.07)
M98  P40110                 (M98  P20110)
G1  Z13.14                  (G1  Z13.512)
M98  P30111                 (M98  P20111)
G1  Z12.954
M98  P20112
G1  Z12.768
M98  P10113
G1  Z12.731
G92  X28.8  Z−55  F9.425    螺纹切削固定循环
G1  Z12.90
G92  X29.6  Z−55  F9.425    螺纹切削固定循环
     X29.4
     X29.2
     X29.0
     X28.8
G0  X100                    快速定位到 X100
    Z100                    快速定位到 Z100
M30                         程序结束，主轴停，冷却泵停，
```

返回程序首

车蜗杆子程序

① O0101　　子程序

```
G1  W−1.448                           (W−1.488)
G92  X41.75  Z−55  F9.425
     X41.5
     X41.25
     X41
     M99
```

② O0102　　子程序

```
G1  W−0.372                           (W−2.046)
```

```
G92  X40.75  Z－55  F9.425    螺纹切削固定循环
     X40.5
     X40.25
     X40
     M99
```

③ O0103　　子程序

```
G1  W－0.372                         (W－1.86)
G92  X39.75  Z－55  F9.425
     X39.5
     X39.25
     X39
     M99
```

④ O0104　　子程序

```
G1  W－0.372                         (W－1.674)
G92  X38.75  Z－55  F9.425
     X38.5
     X38.25
     X38
     M99
```

⑤ O0105　　子程序

```
G1  W－0.372                         (W－1.488)
G92  X37.75  Z－55  F9.425
     X37.5
     X37.25
     X37
     M99
```

⑥ O0106　　子程序

```
G1  W－0.372                         (W－1.032)
G92  X36.75  Z－55  F9.425
     X36.5
```

```
        X36.25
        X36
        M99
⑦ O0107        子程序
    G1  W-0.372                                (W-1.116)
    G92  X35.75  Z-55  F9.425
        X35.5
        X35.25
        X35
        M99
⑧ O0108        子程序
    G1  W-0.372                                (W-1.86)
    G92  X34.75  Z-55  F9.425
        X34.5
        X34.25
        X41
        M99
⑨ O0109        子程序
    G1  W.0.372                                (W-1.488)
    G92  X33.75  Z-55  F9.425
        X33.5
        X33.25
        X33
        M99
⑩ O0110        子程序
    G1  W-0.372                                (W-1.116)
    G92  X32.75  Z-55  F9.425
        X32.5
        X32.25
        X32
```

```
        M99
⑪ O0111        子程序
   G1   W-0.372                          (W-0.744)
   G92  X31.75  Z-55  F9.425
        X31.5
        X31.25
        X31
        M99
⑫ O0112        子程序
   G1   W-0.372
   G92  X30.75  Z-55  F9.425
        X30.5
        X30.25
        X30
        M99
⑬ O0113        子程序
   G1   W-0.372
   G92  X29.75  Z-55  F9.425
        X29.5
        X29.25
        X29
        M99
```

特别说明：以上主程序和子程序中带括号的内容是减少走刀次数的进刀方法，效率较高并有实用价值，之所以把走刀次数多的程序也作以介绍主要是提供思考方法和思路及计算方法。为了提高效率，可改子程序中 Z 向移动量和主程序中的子程序调用次数。例：O0101 中 W-0.372 改为 W-1.488；主程序中 M98 P130101 改为 M98 P40101，并把起点 Z 向作相应调整为 16.116（a. $12\times0.372=4.464$；b. $4.464/3=1.488$；c. $1.488-0.372=1.116$；d. $15+1.116=16.116$）。其余类推。

14.2.2 要点提示

① 在刃磨车刀时，应保证各切削刃的平直和两侧切削刃的对称性。

② 装刀时，横刃必须与车床主轴轴线平行并等高。

③ 为防止切削过程中扎刀现象发生，可采用弹簧刀杆。

④ 在螺纹切削过程中，进给修调和主轴修调无效。

⑤ 可采取车蜡或木头、塑料等方法检查程序的正确性。

⑥ 当螺纹导程小于 5 时，可考虑用 G76 多重螺纹切削指令，因它编程比较简单。

⑦ 在应用子程序编程时，吃刀深度和刀 Z 向的移动要时刻注意是否符合螺纹的牙型角，一定要满足螺纹牙型角的角度要求。这是车削梯形螺纹、模数螺纹编程的难点，请参照例题准确掌握计算方法。

第 15 章
外形轮廓综合加工

本章提要

1. 主要内容：以例题的形式介绍切削零件外形轮廓的相关知识。

2. 学习目标：熟练掌握切削零件外形轮廓的编程方法、工艺路线、刀具选用和装夹方法、编程尺寸的计算、切削用量的选择等，对同类零件的加工工艺编制应熟练掌握。

3. 学习方法：以看例题为主，深刻理解相关知识的介绍，达到举一反三的效果。

15.1 切削外形轮廓的相关知识

15.1.1 外形轮廓的概念

① 定义：在车削时，由圆弧和圆弧、圆弧和直线相切或相交而构成的一些成形面以及台阶、螺纹等形成的零件称为外形轮廓。

② 技术要求：一般外形轮廓零件除了尺寸精度外，表面粗糙度和相互位置精度要求比较高。

15.1.2 常用加工方法

① 毛坯形式：毛坯常用热轧圆棒料、冷拉圆棒料，批量生产的零件多用锻件。

② 常用车刀：90°偏刀、60°偏刀、切断刀、60°螺纹车刀等。

③ 装夹方法：毛坯是棒料时，一般选用夹持一端；毛坯是锻料时，一般先夹持圆弧部分毛坯车圆柱部分，然后夹持圆柱部分车

圆弧部分。

15.2　实例 1

15.2.1　工作步骤

外形轮廓的加工是数控车床的特长，应熟练掌握。

(1) 零件图

零件图见图 15-1，毛坯是 ϕ50、长 180 的 45 正火圆钢，单件生产。不切断。

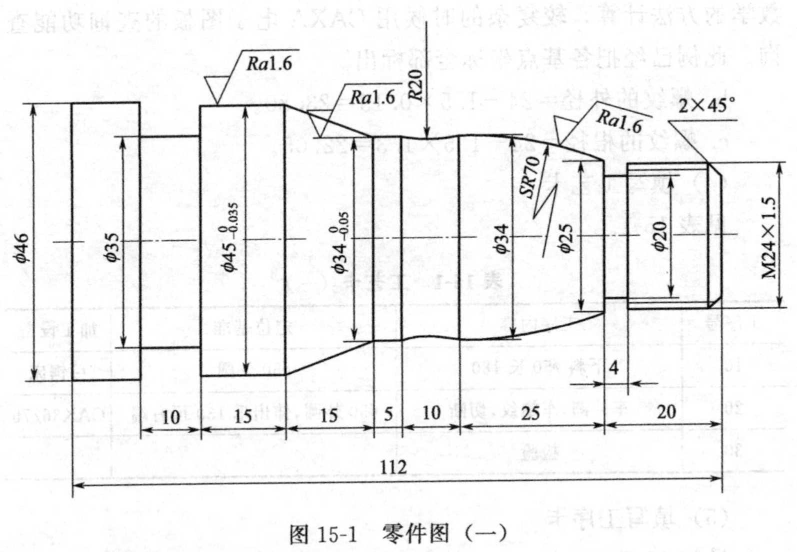

图 15-1　零件图（一）

(2) 刀具选择和装夹方法

① 刀具选择

a. 外圆粗车用 YT5、60°右偏刀（刀尖角 60°）。

b. 外圆精车用 YT15、60°右偏刀（刀尖角 60°）。

c. 车螺纹用 YT5、60°螺纹刀。

d. 切断用 YT5、4mm 切断刀。

② 装夹方法　用自定心三爪卡盘夹持毛坯左端和顶右端，伸出爪 130mm。

(3) 工艺分析

① 工艺路线：精车右端面打中心孔→粗精车外圆→车 ϕ20×4 槽→车螺纹→车 ϕ35 槽、切断。

② 确定编程原点：以工件右端面中心为编程原点。

③ 确定编程用指令：粗车用 G71，精车用 G70，车螺纹用 G92。

④ 编程尺寸计算

a. 车削外形轮廓的计算往往比较复杂，一般用几何、三角、数学的方法计算，较复杂的时候用 CAXA 电子图板的查询功能查询。此例已经把各基点坐标全部标出。

b. 螺纹的外径＝24－1.5×0.13＝23.80。

c. 螺纹的根径＝24－1.5×1.3＝22.05。

(4) 填写工艺卡

见表 15-1。

表 15-1　工艺卡（一）

工序号	工序内容	定位基准	加工设备
10	下料 ϕ50 长 180	ϕ50 外圆	弓锯床
20	车外圆，车螺纹，切断	ϕ50 外圆，伸出爪 130 顶右端	CAK36/75
30	检验		

(5) 填写工序卡

见表 15-2。

表 15-2　工序卡（一）

工步号	工步内容	刀具号	刀具规格	切削速度 /m·min^{-1}	进给量 /mm·r^{-1}	背吃刀量 /mm	备注
10	粗车	0101	60°右偏刀	80	0.3	4	
20	精车	0404	60°右偏刀	120	0.1	0.4	

续表

工步号	工步内容	刀具号	刀具规格	切削速度 /m·min^{-1}	进给量 /mm·r^{-1}	背吃刀量 /mm	备注
30	车槽 ϕ20×4	0202	4mm 切断刀	50	0.1	4	
30	车螺纹	0303	60°螺纹刀	500/r·min^{-1}			
30	粗精车 ϕ35 外圆，切断	0202	4mm 切断刀	50	0.1		
40	检验						

(6) 编写加工程序

O1501　程序名，用 O 及 O 后 4 位数表示

G0　X150　Z1　T0101　到换刀点，换 1 号刀，建立 1 号刀补，建立工件坐标系（程序段号可省写）

G99　G96　M3　S80　F0.3　主轴正转，恒线速 80m/min，每转进给 0.3

G50　S2000　最高转速限制在 2000r/min

G0　Z0　快速定位到 *Z*0

X52　快速定位到 *X*52

G71　U2　R1　G71：切削循环；U：粗车 *X* 轴的切削量 2，半径值；R：粗车 *X* 轴退刀量 1，半径值

G71　P10　Q30　U0.8　W0.4　G71：切削循环；P：精车轨迹第一程序段 N10；Q：精车轨迹最后程序段 N30；U：*X* 轴的精加工余量 0.8；W：*Z* 轴的精加工余量 0.4

N10　G42　G1　X20　左刀补，直线插补到 *X*20

X23.8　Z−2

W−18

U1

G3　X34　W−25　R70　精车顺圆插补到 *X*34，*W*−25，*R*70

G2　X34　W−10　R20　精车逆圆插补到 *X*34，*W*−10，*R*20

G1 W－5 直线插补到 W－5

X45 W－15

W－25

X46

Z－112

N30 G40 G0 X48

G0 X150 快速定位到 X150

Z1 快速定位到 Z1

T0404 S120 F0.1 换 4 号刀

G70 P10 Q30 G70：精车；P：精车轨迹第一程序段 N10；Q：精车轨迹最后程序段 N30

G0 X150 快速定位到 X150

Z1 快速定位到 Z1

T0202 G96 S50 F0.1 换 2 号刀

G0 Z－20 快速定位到 Z－20

X27 快速定位到 X27

G1 X20 直线插补到 X20

G4 P500

G0 X150 快速定位到 X150

Z1 快速定位到 Z1

T0303 G97 S500 F0.1 换 3 号刀

G0 Z2 快速定位到 Z2

X26 快速定位到 X26

G92 X23.2 Z－18 F1.5 G92：螺纹切削循环；X，Z：螺纹切削终点坐标；F：公制螺距 1.5

X22.6 螺纹切削终点 X 坐标

X22.2 螺纹切削终点 X 坐标

X22.05 螺纹切削终点 X 坐标

G0 X150 快速定位到 X150

Z1 快速定位到 Z1

```
T0202  G96  S50  F0.1  换2号刀
G0  Z-94  快速定位到Z-94
    X48  快速定位到X48
G1  X35.1  直线插补到X35.1
G0  X48  快速定位到X48
    Z-100  快速定位到Z-100
G1  X35.1  直线插补到X35.1
G0  X48  快速定位到X48
    Z-97  快速定位到Z-97
G1  X35.1  直线插补到X35.1
G0  X37  快速定位到X37
    Z-100  快速定位到Z-100
G1  X35  直线插补到X35
    Z-94  直线插补到Z-94
    X48  直线插补到X48
G0  Z-116  快速定位到Z-116
G1  X0  直线插补到X0
G0  X150  快速定位到X150
    Z1  快速定位到Z1
M30  程序结束，主轴停，冷却泵停，返回程序首
```

15.2.2 要点提示

① 此例是用G71车外轮廓的例题，基点坐标从右到左逐渐增大，如果是中凸或中凹，就不能用G71一次车成，如果表面有允许接刀的位置，可以考虑用G71采取接刀的办法加工。如果不允许接刀，可考虑用子程序加工，但效率较低，最好的办法是用CAD/CAM软件自动编程（CAD/CAM软件自动编程本书不作介绍）。

② 此例工件的径向和轴向尺寸没有标注公差，编程时不需要进行径向和轴向尺寸的计算。

③ D35外圆的加工，由于轴向尺寸较短，采取用切断刀径向

进刀的切削方式加工，要注意，切断刀每次的轴向进给量不能大于切断刀宽度的 3/4，精车的背吃刀量要尽可能的小，本例取 0.1。

④ 此例采用了刀尖半径补偿，刀尖半径 0.2，需要注意的是 G71 指令不执行刀尖半径补偿，所以，精车余量径向留 0.8，轴向留 0.4，留的多一些。

⑤ 此例工件是车床加工的最常见类型，必须熟练掌握。

15.3 实例 2

15.3.1 工作步骤

(1) 零件图

零件图见图 15-2，毛坯是 ϕ40、长 110 的 45 正火圆钢，单件生产。

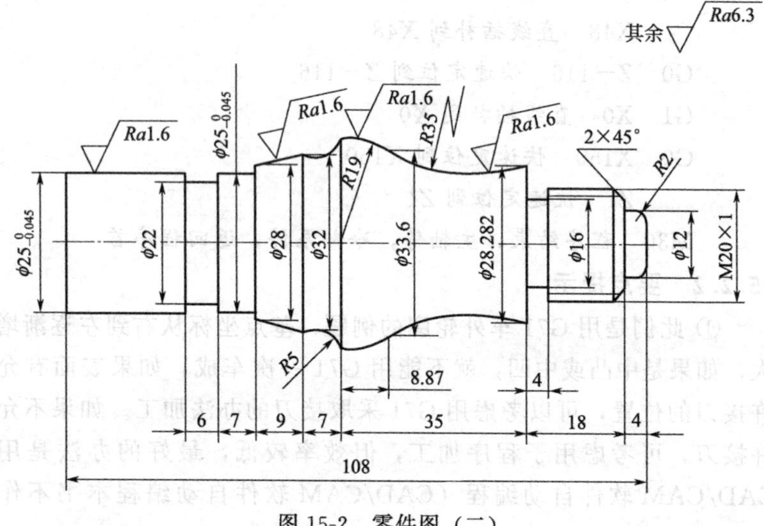

图 15-2 零件图（二）

(2) 刀具选择和装夹方法

① 刀具选择

a. 外圆粗车用 YT5、60°右偏刀（刀尖角 60°）。

b. 外圆精车用 YT15、60°右偏刀（刀尖角 60°）。

c. 车螺纹用 YT5、60°螺纹刀。

d. 切槽用 YT5、4mm 切断刀。

② 装夹方法 顶两端中心孔。

(3) 工艺分析

① 工艺路线：精车右端面并打中心孔→精车左端面并打中心孔→粗精车左端外圆→车 $D22\times6$ 槽→粗精车右端外圆→车 $\phi16\times4$ 槽→车螺纹。

② 确定编程原点：车左端时，以工件左端面中心为编程原点；车右端时，以工件右端面中心为编程原点。

③ 确定编程用指令：粗车用 G71，精车用 G70，车螺纹用 G92。

(4) 编程尺寸计算

① 车削外形轮廓的计算往往比较复杂，一般用几何、三角、数学的方法计算，较复杂时用 CAXA 电子图板的查询功能查询。此例已经把各基点坐标全部标出。

② 螺纹的外径＝20－1×0.13＝19.87。

③ 螺纹的根径＝20－1×1.3＝18.70。

(5) 填写工艺卡

见表 15-3。

表 15-3 工艺卡（二）

工序号	工序内容	定位基准	加工设备
10	下料 $\phi40$ 长 110	$\phi40$ 外圆	弓锯床
20	两端平端面，打中心孔	$\phi40$ 外圆	CAK36/75
30	车左端外圆	顶两端中心孔	CAK36/75
40	车左端外圆	顶两端中心孔	CAK36/75
50	检验		

（6）填写工序卡

见表 15-4。

表 15-4 工序卡（二）

工步号	工步内容	刀具号	刀具规格	切削速度 /m·min^{-1}	进给量 /mm·r^{-1}	背吃刀量 /mm	备注
10	粗精车左端	0101	60°右偏刀	80	0.3	4	
20	车槽 ϕ22×6	0202	4mm 切断刀	50	0.1	4	
30	粗精车右端	0404	4mm 切断刀	120	0.1	0.4	
40	车槽 ϕ16×4	0202	4mm 切断刀	50	0.1	4	
50	车螺纹	0303	60°螺纹刀	500r·min^{-1}			
60	检验						

（7）编写加工程序

O1502 程序名，用 O 及 O 后 4 位数表示

① 车左端程序

G0 X150 Z1 T0101 到换刀点，换 1 号刀，建立 1 号刀补，建立工件坐标系（程序段号可省写）

G99 G96 M3 S80 F0.3 主轴正转，恒线速 80m/min，每转进给 0.3

G50 S2000 最高转速限制在 2000r/min

G0 Z0 快速定位到 *Z*0

X42 快速定位到 *X*42

G71 U2 R1 G71：切削循环；U：粗车 *X* 轴的切削量 2，半径值；R：粗车 X 轴退刀量 1，半径值

G71 P10 Q30 U0.8 W0.4 G71：切削循环；P：精车轨迹第一程序段 N10；Q：精车轨迹最后程序段 N30；U：*X* 轴的精加工余量 0.8；W：*Z* 轴的精加工余量 0.4

N10 G42 G1 X25 直线插补到 *X*25

Z−29

X28

X32 W−9

G2 X38 W−7 R5 精车逆圆插补到 *X*38，*W* −7，*R*5

N30 G40 G0 X40

G0 X150 快速定位到 *X*150

Z1 快速定位到 *Z*1

T0404 S120 F0.1 换 4 号刀

G0 Z0

X42

G70 P10 Q30 G70：精车；P：精车轨迹第一程序段 N10；Q：精车轨迹最后程序段 N30

G0 X150 快速定位到 *X*150

Z1 快速定位到 *Z*1

T0202 S50 F0.1 换 2 号刀

G0 Z−26 快速定位到 *Z*−26

X27 快速定位到 *X*27

G1 X22 直线插补到 *X*22

G4 P500 暂停 0.5s

G1 X26

Z−28

X22

G4 P500

G1 X26

G0 X150 快速定位到 *X*150

Z1 快速定位到 *Z*1

T0101 到换刀点，换 1 号刀，建立 1 号刀补

M0 暂停，按操作面板上的循环启动按钮后继续执行下面的程序

② 车右端程序

G0 Z0 快速定位到 Z0

X40 快速定位到 X40

<u>**G71 U2 R1**</u> G71：切削循环；U：粗车 X 轴的切削量 2，半径值；R：粗车 X 轴退刀量 1，半径值

<u>**G71 P40 Q60 U0.8 W0.4**</u> G71：切削循环；P：精车轨迹第一程序段 N40；Q：精车轨迹最后程序段 N60；U：X 轴的精加工余量 0.8；W：Z 轴的精加工余量 0.4

N40 G42 G1 X8 左刀补，直线插补到 X8

G3 X12 Z－2 R2 精车顺圆插补到 X12，Z－2，R2

G1 Z－4

X15.87

X19.87 Z－6

Z－22

X28.282

G2 X33.6 W－26.13 R35 精车逆圆插补到 X33.6，W－26.13，R35

G3 X38 W－8.87 R19 精车顺圆插补到 X38，W－8.87，R19

N60 G40 G0 X40

G0 X150 快速定位到 X150

Z1 快速定位到 Z1

T0404 S120 F0.1 换 4 号刀

G0 Z0

X42

<u>**G70 P40 Q60**</u> G70：精车；P 精车轨迹第一程序段 N40；Q：精车轨迹最后程序段 N60

G0 X150 快速定位到 X150

Z1 快速定位到 Z1

T0202 S50 F0.1 换 2 号刀

G0 Z－22 快速定位到 Z－22

X30 快速定位到 X30

G1 X16 直线插补到 X16

G4 P500 暂停 0.5s

G1 X30 直线插补到 X30

G0 X150 快速定位到 X150

Z1 快速定位到 Z1

T0303 G97 S500 F0.1 换 3 号刀

G0 Z2 快速定位到 Z2

X22 快速定位到 X22

G92 X19.3 Z－20 F1 G92：螺纹切削循环；X，Z：螺纹切削终点坐标；F：公制螺距 1

X18.9 螺纹切削终点 X 坐标

X18.7 螺纹切削终点 X 坐标

G0 X150 快速定位到 X150

Z1 快速定位到 Z1

M30 程序结束，主轴停，冷却泵停，返回程序首

15.3.2 要点提示

① 此例是用 G71 掉头车外轮廓的例题，零件基点坐标从右到左逐渐增大而后又逐渐变小，因为是中凸，不能用 G71 一次车成，在表面有允许接刀的位置，即在 R19 和 R5 的结合处接刀掉头车。如果不允许接刀，可考虑用子程序加工，但效率较低，最好的办法是用 CAD/CAM 软件自动编程。

② 此例工件的轴向尺寸没有标注公差，编程时不需要进行轴向尺寸的计算。

③ 此例用了 M0 指令暂停，加工完左端之后，暂停，工件掉头之后，按面板上的循环启动按钮，加工继续进行。

④ 此例采用了刀尖半径补偿，刀尖半径 0.2，需要注意的是 G71 指令不执行刀尖半径补偿，所以，精车余量径向留 0.8，轴向留 0.4，留的多一些。

⑤ 掉头车，也是经常遇到的零件加工方法，熟练掌握掉头车

的编程方法和操作方法很重要。

⑥ 操作时，注意刀与顶尖的位置不能互相干涉。

⑦ 当两端外圆轮廓的同轴度要求不高，掉头车时，可以不用两端顶的方法，而用左端夹持右端顶的方法，就效率而言，用左端夹持右端顶的方法效率较高。

第 16 章

内孔的综合加工

本章提要

1. 主要内容：以例题的形式介绍切削零件内孔的相关知识。

2. 学习目标：熟练掌握切削零件内孔的编程方法、工艺路线、刀具选用和装夹方法、编程尺寸的计算、切削用量的选择等，对同类零件的加工工艺编制应熟练掌握。

3. 学习方法：以看例题为主，深刻理解相关知识的介绍，达到举一反三的效果。

16.1 切削内孔的相关知识

16.1.1 切削内孔的概念

① 定义：由圆柱的孔、内锥、内沟槽和内螺纹的一些形状组成的零件，称为内孔零件。

② 技术要求：一般内孔零件除了尺寸精度外，位置精度和表面粗糙度要求都比较高。

16.1.2 常用加工方法

① 毛坯形式：毛坯常用铸件，要求高的零件多用锻件。

② 常用车刀：90°内孔刀、60°内孔刀、切内槽刀、60°内螺纹车刀等。

③ 装夹方法：一般选择夹持外圆。

16.2 实例

16.2.1 工作步骤

(1) 零件图

零件图见图 16-1，毛坯是内孔 ϕ30 的 45 钢锻件，单件生产。

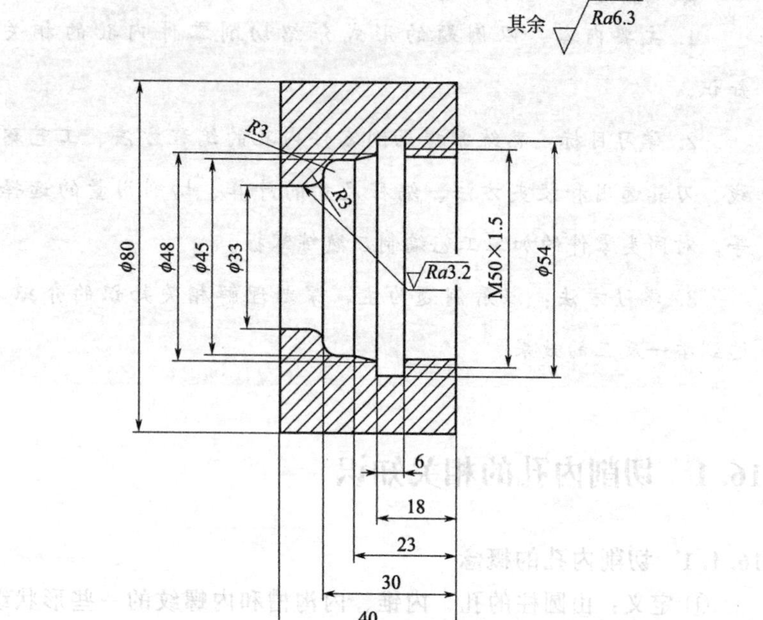

图 16-1 零件图

(2) 刀具选择和装夹方法

① 刀具选择

a. 内孔粗车用 YT5、90°内孔刀（刀尖角 80°）。

b. 内孔精车用 YT5、90°内孔刀（刀尖角 80°）。

c. 车螺纹用 YT5、60°内螺纹刀。

d. 切槽用 YT5、4mm 内孔切槽刀。

② 装夹方法 用自定心三爪卡盘夹持毛坯外圆。

(3) 工艺分析

① 工艺路线：精车右端面→粗精车内圆各台阶→车 ϕ54×6 槽→车螺纹→精车左端面。

② 确定编程原点：以工件右端面中心为编程原点。

③ 确定编程用指令：粗车用 G71，精车用 G70，车螺纹用 G92。

(4) 编程尺寸计算

① 毛坯底孔 ϕ30。

② 螺纹的内径=ϕ50−1.5×1.0825−0.1=ϕ48.276。

③ 螺纹的根径=ϕ50。

(5) 填写工艺卡

见表 16-1。

表 16-1 工艺卡

工序号	工序内容	定位基准	加工设备
10	车右端面及内孔	ϕ80 外圆	CAK36/75
20	车左端面	右端面,M50×1.5 螺纹	CAK36/75
30	检验		

(6) 填写工序卡

见表 16-2。

表 16-2 工序卡

工步号	工步内容	刀具号	刀具规格	切削速度 /m·min^{-1}	进给量 /mm·r^{-1}	背吃刀量 /mm	备注
10	精车右端面	0101	90°内孔刀	80	0.3	1	
10	粗车内孔	0101	90°内孔刀	80	0.3	2	
20	精车内孔	0404	90°内孔刀	120	0.1	0.4	
30	车内槽 ϕ54×6	0202	4mm 内槽刀	50	0.1	4	
30	车螺纹	0303	60°内螺纹刀	300r·min^{-1}			

续表

工步号	工步内容	刀具号	刀具规格	切削速度 /m·min^{-1}	进给量 /mm·r^{-1}	背吃刀量 /mm	备注
30	精车左端面	0404	90°内孔刀	120	0.1	1	
40	检验						

（7）编写加工程序

O1601　程序名，用O及O后4位数表示

G0　Z150　X150　T0101　到换刀点，换1号刀，建立1号刀补，建立工件坐标系（程序段号可省写）

G99　G96　M3　S80　F0.3　主轴正转，恒线速80m/min，每转进给0.3

G50　S2000　　最高转速限制在2000r/min

G0　Z2　快速定位到$Z2$

X28　快速定位到$X28$

G71　U1　R1　G71：切削循环；U：粗车X轴的切削量1，半径值；R：粗车X轴退刀量1，半径值

G71　P10　Q30　U－0.8　W0.4　G71：切削循环；P：精车轨迹第一程序段N10；Q：精车轨迹最后程序段N30；U：X轴的精加工余量－0.8；W：Z轴的精加工余量0.4

N10　G41　G1　X48.276　直线插补到$X48.276$，建立右刀补

Z－18

U－0.276

X45　W－5

W－4

G3　X39　W－3　R3　精车顺圆插补到$X39$，W－3，$R3$

G2　X33　W－3　R3　精车逆圆插补到$X33$，W－3，$R3$

G1　W－7

N30　G40　G0　X32

G0 Z150 快速定位到 Z150

X150 快速定位到 X150

T0404 S120 F0.1 换 4 号刀

G0 Z2 快速定位到 Z2

X28 快速定位到 X28

G70 P10 Q30 G70：精车；P：精车轨迹第一程序段 N10；Q：精车轨迹最后程序段 N30

G0 Z150 快速定位到 Z150

X150 快速定位到 X150

T0202 S50 F0.1 换 2 号刀

G0 X46 快速定位到 X46

Z−18 快速定位到 Z−18

G1 X54 直线插补到 X54

G4 P500

G0 X46 快速定位到 X46

Z−16 快速定位到 Z−16

G1 X54 直线插补到 X54

G4 P500

G0 X46

Z150 快速定位到 X150

X150 快速定位到 Z150

T0303 G97 S00 F0.1 换 3 号刀

G0 X46 快速定位到 X46

Z2 快速定位到 Z2

G92 X49 Z−14 F1.5 G92：螺纹切削循环；X，Z：螺纹切削终点坐标，F：公制螺距 1.5

X49.5 螺纹切削终点 X 坐标

X49.9 螺纹切削终点 X 坐标

X50 螺纹切削终点 X 坐标

G0 Z150 快速定位到 Z150

X150 快速定位到 X150

M30 程序结束，主轴停，冷却泵停，返回程序首

16.2.2 要点提示

① 此例是用 G71 车内孔、G92 车内螺纹的例题。用 G71 时注意 U 的方向是负号。

② 此例工件的径向和轴向尺寸没有标注公差，编程时不需要进行径向和轴向尺寸的计算。

③ 注意 X 向的退刀方向是负方向，同时要选择好退刀的量，避免刀与工件相撞。

④ 此例采用了刀尖半径补偿，刀尖半径 0.2，需要注意的是 G71 指令不执行刀尖半径补偿，所以，精车余量径向留 0.8，轴向留 0.4，留的多一些。

⑤ 此例工件是车床加工的最常见类型，必须熟练掌握。

第 17 章

内孔及外形轮廓集一体的综合加工

本章提要

1. 主要内容：以例题的形式介绍切削零件内孔及外形轮廓集一体的相关知识。

2. 学习目标：熟练掌握切削零件内孔及外形轮廓集一体的编程方法、工艺路线、刀具选用和装夹方法、编程尺寸的计算、切削用量的选择等，对同类零件的加工工艺编制应熟练掌握。

3. 学习方法：以看例题为主，深刻理解相关知识的介绍，达到举一反三的效果。

17.1 切削内孔及外形轮廓集一体的零件的相关知识

17.1.1 切削内孔的概念

① 定义：由圆柱的孔、内锥、内沟槽和内螺纹以及外圆轮廓组成的零件，称为内孔及外形轮廓集一体的零件。

② 技术要求：一般除了尺寸精度外，位置精度和表面粗糙度要求都比较高，特别要求内孔和外圆的同轴度。

17.1.2 常用加工方法

① 毛坯形式：毛坯常用铸件，要求高的零件多用锻件。

② 常用车刀：90°内孔刀、60°内孔刀、切内槽刀、60°内螺纹车刀和90°偏刀、60°偏刀、切断刀、60°螺纹车刀等。

③ 装夹方法：一般选择夹持外圆。

17.2 实例

17.2.1 工作步骤

(1) 零件图

零件图见图 17-1，毛坯是内孔 $\phi36$ 的 45 钢锻件，外形毛坯 $\phi115\times54$，单件生产。

(2) 刀具选择和装夹方法

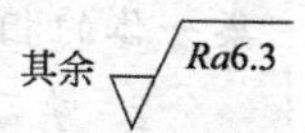

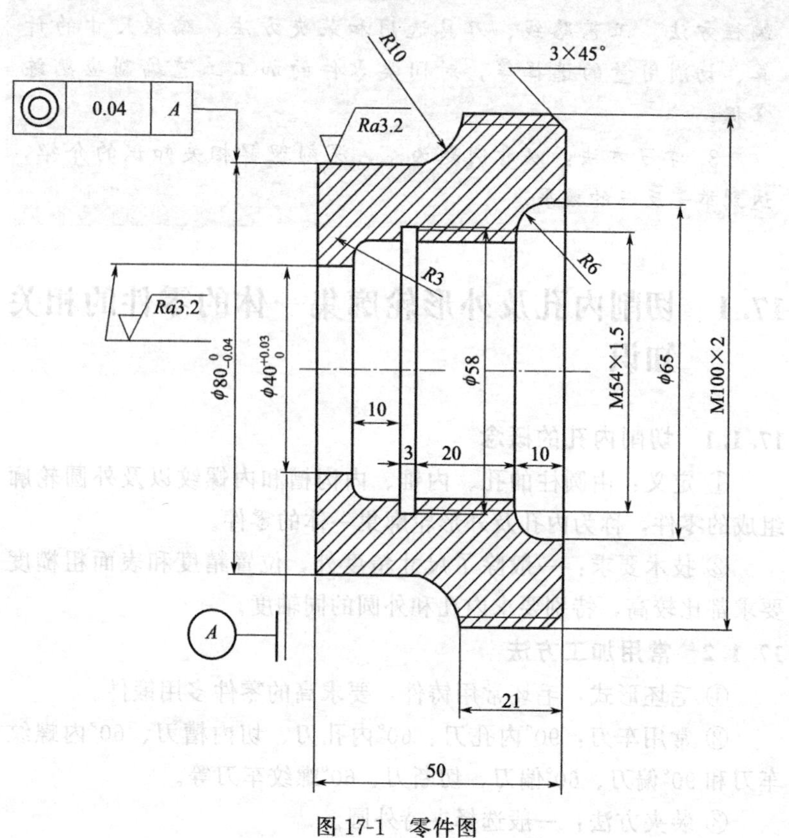

图 17-1 零件图

① 刀具选择

a. 外圆粗车用YT5、60°右偏刀（刀尖角60°）。

b. 外圆精车用YT15、60°右偏刀（刀尖角60°）。

c. 车螺纹用YT5、60°螺纹刀。

d. 内孔粗车用YT5、90°内孔刀（刀尖角80°）。

e. 内孔精车用YT5、90°内孔刀（刀尖角80°）。

f. 车内螺纹用YT5、60°内螺纹刀。

g. 切槽用YT5、3mm内孔切槽刀。

应当指出，目前数控车床多数只能装4把刀，加工这类零件用刀比较多，加工时，要适当安排暂停，手动卸刀、装刀。

② 装夹方法　用自定心三爪卡盘夹持毛坯右外圆，掉头后，夹持左端ϕ80处。

(3) 工艺分析

① 工艺路线：精车左端面→粗精车左外圆及R10→粗精车内圆ϕ40→掉头粗精车右外圆及端面→车右内孔各台阶→车ϕ58×3内槽→车内螺纹→车外螺纹。

② 确定编程原点：分别以工件左端面中心和掉头后右端面中心为编程原点。

③ 确定编程用指令：粗车用G71，精车用G70，车螺纹用G92。

(4) 编程尺寸计算

① 毛坯底孔ϕ36。

② 内螺纹的内径＝54－1.5×1.0825－0.1＝52.276。

③ 内螺纹的根径＝54。

④ 外螺纹的外径＝100－2×0.13＝99.74。

⑤ 外螺纹的根径＝100－2×1.3＝97.4。

(5) 填写工艺卡

见表17-1。

表 17-1 工艺卡

工序号	工序内容	定位基准	加工设备
10	车左端面及 ϕ40 内孔、ϕ80 外圆	ϕ115 外圆毛坯、右端面	CAK36/75
20	车右端面及内孔各台阶、内螺纹，外圆、外螺纹	左端面、ϕ80 外圆	CAK36/75
30	检验		

（6）填写工序卡

见表 17-2。

表 17-2 工序卡

工步号	工步内容	刀具号	刀具规格	切削速度 /m·min^{-1}	进给量 /mm·r^{-1}	背吃刀量 /mm	备注
10	粗精车左端面	0101	90°右偏刀	80	0.3	1	无程序
20	粗精车外圆 ϕ80 和 R10	0101 0202	90°右偏刀 90°右偏刀	80 120	0.3 0.1	4 0.8	
30	粗精车内孔 ϕ40	0303 0404	90°内孔刀 90°内孔刀	80 120	0.3 0.1	2 0.4	
40	粗精车右端面	0101	90°右偏刀	80	0.1	1	无程序
50	粗精车右外圆	0101 0202	90°右偏刀	80 120	0.3 0.1	2 0.8	
60	粗精车右内孔各台阶	0303 0404	90°内孔刀 90°内孔刀	80 120	0.3 0.1	2 0.8	
70	车内槽 ϕ58×3	0505	3mm 内槽刀	50	0.1	4	
80	车内螺纹	0606	60°内螺纹刀	200r·min^{-1}			
90	车外螺纹	0707	60°外螺纹刀	150r·min^{-1}			
100	检验						

（7）编写加工程序

O1701　程序名，用 O 及 O 后 4 位数表示

G0　Z150　X150　T0101　到换刀点，换 1 号刀，建立 1

号刀补，建立工件坐标系（程序段号可省写）

G99　G96　M3　S80　F0.3　主轴正转，恒线速 80m/min，每转进给 0.3

G50　S2000　最高转速限制在 2000r/min

G0　Z2　快速定位到 $Z2$

X107　快速定位到 $X107$

<u>**G71　U2　R1**</u>　G71：切削循环；U：粗车 X 轴的切削量 2，半径值；R：粗车 X 轴退刀量 1，半径值

<u>**G71　P10　Q30　U0.8　W0.4**</u>　G71：切削循环；P：精车轨迹第一程序段 N10；Q：精车轨迹最后程序段 N30；U：X 轴的精加工余量 0.8；W：Z 轴的精加工余量 0.4

N10　G42　G1　X80　直线补到 $X81$

Z－29

G2　X100　W－10　R10　精车逆圆插补到 $X100$，$W-10$，$R10$

N30　G40　G0　X107

G0　Z150　快速定位到 $Z150$

X150　快速定位到 $X150$

T0202　S120　F0.1　换 2 号刀

G0　Z2　快速定位到 $Z2$

X107　快速定位到 $X107$

<u>**G70　P10　Q30**</u>　G70：精车；P：精车轨迹第一程序段 N10；Q：精车轨迹最后程序段 N30

G0　Z150　快速定位到 $Z150$

X150　快速定位到 $X150$

T0303　S80　F0.3　换 3 号刀

G0　X34　快速定位到 $X34$

Z2　快速定位到 $Z2$

G1　X39.6　直线插补到 $X39.6$

Z—10

G0　X34　快速定位到 X40

　　Z150　快速定位到 Z150

　　X150　快速定位到 X150

T0404　S120　F0.1　换 4 号刀

G0　Z2　快速定位到 Z2

　　X36　　快速定位到 X36

G1　X40　直线插补到 X40

　　Z—10

G0　X36　快速定位到 X36

　　Z150　快速定位到 Z150

　　X150　快速定位到 X150

T0101　S80　F0.3　换 2 号刀

M0

G0　Z0　快速定位到 Z0

　　X107　快速定位到 X107

G71　U2　R1　G71：切削循环；U：粗车 X 轴的切削量 2，半径值；R：粗车 X 轴退刀量 1，半径值

G71　P60　Q90　U0.8　W0.4　G71：切削循环；P：精车轨迹第一程序段 N60；Q：精车轨迹最后程序段 N90；U：X 轴的精加工余量 0.8；W：Z 轴的精加工余量 0.4

N60　G1　X94　直线插补到 X94

　　　　　X100　Z—3

　　　　　X99.74　Z—2

　　　　　Z—22

N90　G0　X150

　　　　　Z150　快速定位到 Z150

T0202　S120　F0.1　换 2 号刀

G0　Z0　快速定位到 Z0

　　X102　快速定位到 X102

G70　P60　Q90　G70：精车；P：精车轨迹第一程序段

N60；Q：精车轨迹最后程序段 N90

G0　X150　快速定位到 $X150$

Z150　快速定位到 $Z150$

T0303　S120　F0.1　换 3 号刀

M0

G0　X34　快速定位到 $X34$

Z0　快速定位到 $Z0$

G71　U1　R1　G71：切削循环；U：粗车 X 轴的切削量 1，半径值；R：粗车 X 轴退刀量 1，半径值

G71　P120　Q150　U－0.8　W0.4　G71：切削循环；P：精车轨迹第一程序段 N120；Q：精车轨迹最后程序段 N150；U：X 轴的精加工余量－0.8；W：Z 轴的精加工余量 0.4

N120　G41　G1　X65　直线插补到 $X65$，建立右刀补

G3　X53　W－6　R6　精车顺圆插补到 $X53$，$W-6$，$R6$

G1　X52.276

W－30

G3　X46.276　W－3　R3　精车顺圆插补到 $X46.276$，$W-3$，$R3$

G1　X40

N150　G40　G0　X36

G0　Z150　快速定位到 $Z150$

X150　快速定位到 $X150$

T0404　S120　F0.1　换 4 号刀

G0　X48　快速定位到 $X48$

Z0　快速定位到 $Z0$

G70　P120　Q150　G70：精车；P 精车轨迹第一程序段 N120；Q：精车轨迹最后程序段 N150

G0　Z150　快速定位到 $Z150$

X150　快速定位到 $X150$

T0505　S50　F0.1　换 5 号刀

G0　Z2　快速定位到 Z2

X36　快速定位到 Z36

Z−33

G1　X58　直线插补到 X58

G4　P500

G1　X48　快速定位到 X48

Z150　快速定位到 Z150

M0

T0606　G97　S200　F0.1　换 6 号刀

G0　Z2　快速定位到 Z2

X46　快速定位到 X46

G92　X53　Z−31.5　F1.5　G92：螺纹切削循环；X，Z：螺纹切削终点坐标；F：公制螺距 1.5

X53.6　螺纹切削终点 X 坐标

X53.9　螺纹切削终点 X 坐标

X54　螺纹切削终点 X 坐标

G0　Z150　快速定位到 Z150

X150　快速定位到 X150

T0707　G97　S150　F0.1　换 7 号刀

G0　Z2　快速定位到 Z2

X102　快速定位到 X102

G92　X99.1　Z−23　F2　G92：螺纹切削循环；X，Z：螺纹切削终点坐标；F：公制螺距 2

X98.5　螺纹切削终点 X 坐标

X97.9　螺纹切削终点 X 坐标

X97.5　螺纹切削终点 X 坐标

X97.4

G0　Z150　快速定位到 Z150

X150　快速定位到 X150

M30　程序结束，主轴停，冷却泵停，返回程序首

17.2.2　要点提示

① 此例是用 G71 车外圆和内孔、G92 车内外螺纹的例题。用 G71 时注意 U 的方向。

② 此例工件的径向公差比较小，确定用最大实体尺寸作为编程尺寸，轴向尺寸没有标注公差，编程时不需要进行轴向尺寸的计算。

③ 车内孔时注意 X 向的退刀方向是负方向，同时要选择好退刀的量，避免刀与工件相撞。

④ 此例采用了刀尖半径补偿，刀尖半径 0.2，需要注意的是 G71 指令不执行刀尖半径补偿，所以，精车余量径向留 0.8，轴向留 0.4，留的多一些。

⑤ 此例工件是车床加工的最常见类型，必须熟练掌握。

⑥ 注意暂停 M0 的使用，暂停后，继续加工按操作面板上的循环启动按钮即可。

⑦ 掉头加工的零件，要注意保证位置精度，特别对于未标注位置公差的零件，更要注意被加工面之间的位置误差，未注公差不等于没有位置精度要求，应按未注位置公差的规定确定公差，并用整个工艺系统进行保证。

参考文献

[1] 武汉华中数控股份有限公司．世纪星车床数控系统 HNC-21/22T 操作说明书，2001，1-53.

[2] 武汉华中数控股份有限公司．世纪星车床数控系统 HNC-21/22T 编程说明书，2001，5-122.

[3] 广州数控设备有限公司．GSK980TD 车床 CNC 使用手册，2006，1-15，22-30，34-80，89-106，110-130，133-165.

[4] 广州数控设备有限公司．GSK928TC 车床数控系统使用手册，2006，15-42，46-55，71-108，110-122.

[5] 任国兴主编．数控车床加工工艺与编程操作．北京：机械工业出版社，2006.1-94，121-130，135-150，145-229.

[6] 周虹等编著．数控车床编程与操作实训教程．北京：清华大学出版社，2005.7-142.

[7] 陈明主编．机械制造工艺学．北京：机械工业出版社，2005.5-20，29-46，128-196.

[8] 杜国臣主编．数控机床编程．北京：机械工业出版社，2005.1-16，18-65，155-188.

[9] 郝继红，甄雪松等编著．数控车削加工技术．北京：北京航空航天大学出版社，2008.3-147.

[10] 赵云龙主编．数控机床及应用．北京：机械工业出版社，2005.60-80.